BIM工程师职业技能培训辅导用书 **全新版**

零基础学BIM

Revit建模实战教程

（机电篇）

◎ 小筑教育BIM研究院 组编

中国商业出版社

图书在版编目(CIP)数据

零基础学 BIM Revit 建模实战教程. 机电篇/小筑
教育 BIM 研究院组编. —北京:中国商业出版社,
2022.1

BIM 工程师职业技能培训辅导用书
ISBN 978 - 7 - 5208 - 2002 - 8

Ⅰ.①零… Ⅱ.①小… Ⅲ.①土木工程-建筑设计-
计算机辅助设计-应用软件-技术培训-教材 Ⅳ.
①TU201.4

中国版本图书馆 CIP 数据核字(2021)第 264697 号

责任编辑:管明林

中国商业出版社出版发行
010-63180647　www.c-cbook.com
(100053　北京广安门内报国寺 1 号)
新华书店经销
三河市中晟雅豪印务有限公司印刷
★
787 毫米×1092 毫米　16 开　21.5 印张　507 千字
2022 年 1 月第 1 版　　2022 年 1 月第 1 次印刷
定价:68.00 元
★　★　★　★
(如有印装质量问题可更换)

BIM 工程师职业技能培训辅导用书
零基础学 BIM　Revit 建模实战教程（机电篇）

编 委 会

主　　　编　傅玉瑞

副 主 编　黄世斌　梁奉鲁　吕婷婷
　　　　　　李　旭　吕　品

参　　　编　成　月　杜玉青　谢铭涵

序　言

▶ BIM 这么火，为什么会的人这么少？

BIM 近几年可谓是娇宠儿，国家政策不断出台，行业协会积极倡导，企业努力推广。大家都知道 BIM，但会 BIM 技术的小伙伴还是凤毛麟角，据不完全统计，目前国内从事 BIM 技术工作的不到 10 万人，而建筑行业从业人员有 5000 万之多，行业急缺 BIM 人才，已经成了掣肘企业数字化创新发展的瓶颈。

BIM 热度和实际应用差距这么大，小筑认为主要有以下 3 个原因：

【应用环境】BIM 应用在大型央企和重点工程中较多，很多中小企业应用较少，应用少并不是它没有价值，而是企业管理层"看不懂、学不会、不会管"认知盲区的映射。纵观企业内一声不响，横看企业间已遍地开花，领导重视程度和 BIM 应用环境，决定了企业间 BIM 应用水平与深度的差异，也影响了企业个人的 BIM 认知与应用水平。

【心理障碍】BIM 三维新技术相对二维 CAD，复杂度高一些，打破旧思维是一件痛苦的事，很多人认为原来没有 BIM 也一样干活，得过且过的心态比较重。

【学习难度】BIM 软件较多，学习与应用难度比 CAD 要大一些，身边能够给予学习指导的人少，很多人一时学不会就选择放弃，学习能力和学习氛围限制了 BIM 人才的培养。

▶如何让 BIM 学习更简单？

不知上面有没有说痛你，BIM 技术是发展趋势，而快速入门是急需技能，此时简单学习应该是一道必须要跨过的槛。我想，此时小筑应该会发挥一些作用。

≫ 5 位老师，历时 90 天，20 版修订，用心写一本书

小筑专家团队在写此书时，结合自身经验，查阅了很多资料，从 BIM 理念、实操技能和专业技能，从学习逻辑到教学方法，均作了深入研究，旨在让内容更贴近

实际工程场景，不仅知其然还要知其所以然，不仅帮助学生学习 BIM 技能还要了解专业知识，从零高效培养 BIM 工程师。

≫ 25 天目标学习，步步引导

全书定为 25 天学习目标，每日学习内容与作业均做了明确安排，学练结合；

书中每个构件操作均做了学习目标和效果图展示，目标明确，学习动力强；

实操过程所有命令步步引导，图文结合，内容翔实，想错都难。

≫ 真实图纸，拓展演练

本书使用真实工程图纸操作教学，注重理论和实战同步学习，一套案例穿插完整教学过程，学完本书，即拥有一份 BIM 土建建模实操工作经验。

▶ 每日建模直播和专业答疑

小筑针对零基础学员特别安排了每日 19：30—20：30 建模直播，以案例方式多维度、更立体地帮助大家快速掌握 BIM 建模技能。同时，在学习过程中遇到专业问题时可以在群内询问助教老师。

扫描下方二维码，添加助教老师进入"BIM 直播答疑学习交流群"吧！

目　录

学习内容安排

天数	任务内容	任务目标	是否完成
• 第一天	第一章	了解 BIM 了解 BIM 发展方向	☐
• 第二天	第二章第一、二节	选好电脑配置 了解单人做项目和团队做项目的区别	☐
• 第三天	第二章第三～五节	熟悉软件常用术语 熟悉软件界面 掌握软件修改操作和原理	☐
• 第四天	第三章第一节	了解项目常用属性设置	☐
• 第五天	第三章第二、三节	了解项目浏览器组织设置、视图设置	☐
• 第六天	第三章第四、五节	掌握常用族准备	☐
• 第七天	第三章第四、五节	机电建模项目设置	☐
• 第八天	第四章第一、二节	了解项目文件创建和保存方式 掌握标高绘制	☐
• 第九天	第四章第三～五节	掌握使用导入 CAD 或链接 Revit 的方式 掌握使用外部文件制作轴网的方式 掌握平面视图创建方式	☐
• 第十天	第五章第一节	了解风暖系统看图方式 掌握图纸信息收集方法	☐
• 第十一天	第五章第二、三节	掌握风系统管道、附件及相关设备的布置方法	☐
• 第十二天	第五章第四节	了解风道相关建模技巧 了解风道安装专业知识	☐
• 第十三天	第六章第一节	了解水系统看图方式 掌握图纸信息收集方法	☐
• 第十四天	第六章第二、三节	掌握水管、附件及相关设备的布置方法	☐
• 第十五天	第六章第四节	了解管道相关建模技巧 了解管道安装专业知识	☐
• 第十六天	第七章第一节	了解电气系统看图方式 掌握图纸信息收集方法	☐

天数	任务内容	任务目标	是否完成
• 第十七天	第七章第二节	掌握电气相关设备的布置方法	☐
• 第十八天	第七章第三节	了解电气相关建模技巧 了解电气安装专业知识	☐
• 第十九天	第八章第一、二节	掌握二维族制作方法	☐
• 第二十天	第八章第二节	掌握三维族制作方法	☐
• 第二十一天	第八章第三、四节	掌握参数化族制作方法	☐
• 第二十二天	第九章第一节	掌握碰撞功能使用 熟悉碰撞报告的编写 掌握管综调整的方法	☐
• 第二十三天	第九章第二节	掌握模型出图方式	☐
• 第二十四天	第九章第二节	掌握出图修订批注方式 掌握出图导出方式	☐
• 第二十五天	第九章第三节	掌握明细表的统计方法	☐

扫码获取作业解析

📅 第一天

在一切与天俱来的天然赠品中，时间最为宝贵。

今日作业

回答以下问题，作为今天学习效果的检验。

1. BIM 是什么？

2. BIM 的初衷是要解决什么问题？

3. IFC 是什么？

4. BIM 能力公式是什么？

第一章　BIM 基础认知

📚 **思维导图**

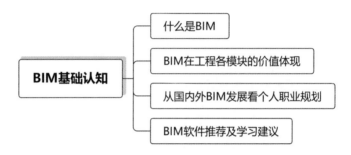

第一节　全面了解什么是 BIM

一、BIM 产生的背景

1973 年，全球爆发第一次石油危机，西方经济遭受了巨大打击，由于石油资源的短缺和提价，美国全行业均在考虑节能增效的问题。

1975 年，"BIM 之父"美国佐治亚理工大学的 Chuck Eastman 教授提出了 "Building Description System"（建筑描述系统），以便实现建筑工程的可视化和量化分析，提高工程建设效率（第一次提出 BIM 理念）。

1999 年，Chuck Eastman 将"建筑描述系统"发展为"建筑产品模型"（Building Product Model），认为建筑产品模型在概念、设计、施工到拆除的建筑全生命周期均可提供丰富、整合的信息。

2002 年，Autodesk 公司收购三维建模软件公司 Revit Technology，首次将 Building Information Modeling 的首字母连起来使用，即有了今天众所周知的"BIM"（第一次提出 BIM 概念）。

💡 **小筑观点**

从理念的产生和发展背景来看，BIM 最早是为了解决工程效率问题。

二、关于 BIM 概念的解读

BIM 没有官方定义，业界对 BIM 虽然有很多说法，但相对片面，缺乏系统认识。以下是从国内权威标准文件中摘取的两种定义：

"在建设工程及设施全生命周期内，对其物理和功能特性进行数字化表达，并依此设计、施工、运营的过程和结果的总称，简称模型。"

——摘录于《建筑信息模型应用统一标准》

"建筑信息模型（BIM）是指在建设工程及设施的规划、设计、施工以及运营维护阶段全寿命周期创建和管理建筑信息的过程，全过程应用三维、实时、动态的模型涵盖了几何信息、空间信息、地理信息、各种建筑组件的性质信息及工料信息。"

——摘录于《建筑信息模型（BIM）职业技能等级标准》

从行业BIM应用和技能提升维度，小筑对BIM概念作了重新解读，尤其是针对"M"字母的解读。

B（Building首字母）：这里的"建筑"不是狭义理解的一栋房子，而是一个概括词。其可以是建筑的一部分，可以是一栋房子，也可以是建筑、市政等工程。

I（Information首字母）：分为几何信息和非几何信息。几何信息是建筑物里可测量的信息，非几何信息包括时间、空间、物理、造价等非可测量的相关信息。

M（Modeling首字母），基于各类BIM软件，从不同应用阶段划分了以下三个维度。

（1）模型（Model）：建筑设施物理和功能特性的三维数字表达。

（2）模型化（Modeling）：在三维模型的基础上，动态应用模型帮助设计、施工、造价、运维等阶段提升工作效率，降低成本。

（3）管理（Management）：在模型化的基础上，多维度（质量、进度、成本等）、多参与方（工程参与单位）的协同管理。

> 💡 **小筑观点**
>
> 　BIM不是一种软件，也不仅是为了建模，BIM是一个共享的知识资源，实现建筑全生命周期信息共享，是一种应用于设计、建造、运营的数字化管理方法和协同工作过程，BIM是一种信息化技术，它的应用需要信息化软件支撑。

三、BIM有什么特点

（一）可视化

【痛点场景】

老师给小健一份施工图纸，各个构件的信息在图纸上采用线条绘制表达，其真正的构造形式需要自行想象，如图1-1-1所示。

图纸太专业，看不懂
构造太复杂，想象不出来

图 1-1-1　识图困难

【BIM 作用】

BIM 应用软件能够将以往的线条式的构件形成一种三维的立体实物图形展示在人们面前，不仅建筑外观可以三维可视化，建筑内部构造同样可以很清晰地展现出来，如图1-1-2、图 1-1-3 所示。

图 1-1-2 建筑图纸可视化　　　　　　　　图 1-1-3　管道图纸可视化

（二）协调性

【痛点场景】

在设计工程图纸时，由于各专业设计工程师之间沟通不到位，出现的问题如图 1-1-4～图 1-1-6 所示。

图 1-1-4　无用阳台　　　图 1-1-5　悬崖门　　　　图 1-1-6　建筑空间不足

【BIM 作用】

BIM 建筑信息模型可在建筑物建造前期对各专业的碰撞问题进行协调，生成协调数据。BIM 还可以解决电梯井布置与其他设计布置及净空要求的协调、防火分区与其他设计布置的协调、地下排水布置与其他设计布置的协调等。扫描右方二维码可观看动画。

（三）模拟性

【痛点场景】

施工过程中出现工序碰撞造成的返工、窝工等现象，现场布置不合理造成的二次搬运等问题，造成时间和金钱的浪费。

【BIM 作用】

　　模拟性是指在建筑全生命周期过程中，利用 BIM 进行各类信息的模拟。在设计阶段，BIM 可以进行一些模拟实验，例如节能模拟、紧急疏散模拟和日照模拟等；在招投标和施工阶段，可以根据施工组织设计模拟实际施工，确定合理施工方案，或者进行 5D 模拟实现成本控制；在后期运维阶段，可以模拟日常紧急情况处理，例如地震逃生模拟及消防疏散模拟等。扫描上方二维码可观看动画。

（四）优化性

　　BIM 模型提供了建筑物的实际存在信息，包括几何信息、物理信息、规则信息等。现代建筑物的复杂程度大多超过参与人员本身的能力极限，BIM 及其配套的各种优化工具提供了对复杂项目进行优化的可能。把项目设计和投资回报分析结合起来，计算出设计变化对投资回报的影响，使得业主清楚哪种项目设计方案更有利于自身的需求，对设计施工方案进行优化，可以带来显著的工期和造价改进，如图 1-1-7 所示。

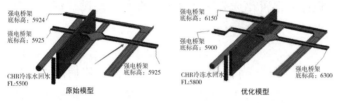

图 1-1-7　管线优化

（五）可出图性

　　BIM 模型不仅能绘制常规的建筑设计图纸及构件加工的图纸，还能通过对建筑物进行可视化展示、协调、模拟和优化，并出具各专业图纸及深化图纸，使工程表达更加详尽。利用 BIM 可以自动生成常用的建筑设计图纸及构件加工图纸，进行正向设计，即按照"先模型，后出图"的过程，将设计师的设计思路直接呈现在 BIM 三维空间，然后通过三维模型直接出图，减少缺漏，提高设计质量。通过对建筑物进行可视化展示、协调、模拟及优化，可以帮助业主生成消除了碰撞点、优化后的综合管线图，生成综合结构预留洞图、碰撞检测侦错报告及改进方案等，如图 1-1-8 所示。

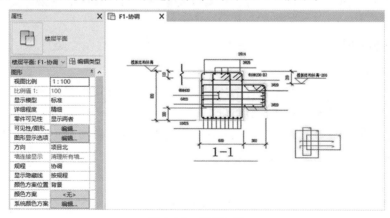

图 1-1-8　图模一致

第二节　BIM 在工程各模块的价值体现

一、BIM 如何颠覆传统工程设计

【现在设计问题】

图纸冗繁、错误率高、变更频繁、协作沟通困难，传统 CAD 二维模式直观性差等。

【BIM 价值体现】

BIM 技术在设计阶段的应用主要包括方案比选、协同设计、碰撞检查、性能分析、管线综合、出施工图等。

（一）方案比选

【痛点场景】

为客户提供的设计方案可比选范围小且无法直观呈现设计成果，针对客户提出的要求修改难度大且工程量大。

【BIM 价值】

通过 BIM3D 可视化技术，可以快速生成立体模型，依据客户需求设计多套方案以供比较选择。后期修改方便，可及时与客户沟通交流，最终实现设计最优效果。

（二）协同设计

【痛点场景】

设计人员分别参与不同设计工作，不考虑其他专业设计因素，后续施工过程协调进而二次拆改，造成大量时间及成本上的浪费。

【BIM 价值】

BIM 技术的协同设计是指建立统一的设计标准，包括图层、颜色、线型、打印样式等，所有设计人员在一个统一的平台上进行设计，建立各自专业的三维设计模型，实时在平台上进行汇总整合分析，从而减少各专业之间（及专业内部）由于沟通不畅或沟通不及时导致的错、漏、碰、缺，实现一处修改其他地方自动修改的效果，提升设计效率及设计质量。

（三）碰撞检查

【痛点场景】

场景一：土建设计工程师在设计墙体时，未为暖通等设计预留孔洞，导致安装管道时要重新打孔穿管，甚至将墙体推倒重砌。

场景二：密集的管线排布在安装过程中出现意料之外的碰撞缠绕问题，只得重新建管拉线，延误工期。

【BIM 价值】

利用 BIM 技术建立各专业三维设计模型，将这些模型整合到一起，提前找出在空间上各专业的设计冲突，形成碰撞数据报告，并通过各专业设计人员进行会审提供解决方案，如提前确认好土建部门须预留预埋的情况，安排各专业管道提前做翻弯处理等。在施工之前解决设计冲突打架的情况，确保设计方案的可实施性和图纸的可建造性，减少返工。

（四）性能分析

【痛点场景】

大型公共设施的安全疏散系统，在设计分析上十分片面甚至缺失，日后紧急状态下无法真正发挥安全疏散系统的价值。

【BIM 价值】

性能分析主要包括结构分析、能耗分析、光照分析、安全疏散分析等，使用 BIM 技术可以三维立体地动态查看，使设计分析更加准确、快捷与全面。

（五）管线综合

【痛点场景】

密集的管线排布在安装过程中出现意料之外的碰撞缠绕问题，只得重新建管拉线，延误工期。

【BIM 价值】

通过建立各专业 BIM 模型，在前期碰撞检查后，通过模型进行调整修正，综合考虑各方面因素及专业的优先级进行综合布线。通过利用 BIM 技术进行管线综合排布，不仅能解决各专业设计的碰撞问题，减少施工变更，降低成本，还可以为后期的维护管理提供数据信息支撑。

（六）出施工图

【痛点场景】

在传统的二维平面图纸中，修改一张图纸的相应信息必将连带影响其他多张图纸信息的变动，费时费力，出错率高，在一定程度上影响设计质量的提高。

【BIM 价值】

基于唯一的 BIM 模型数据源，任何对工程设计的实质性修改均将反映在 BIM 模型中，软件可以依据 BIM 模型的修改信息自动更新所有与该修改相关的二维图纸，为设计人员节省大量的图纸修改时间，在很大程度上提高了设计质量。

💡 小筑观点

（1）目前问题分析。

应甲方要求，BIM 技术在施工阶段应用较普遍，现在国内设计院的 BIM 正向设计相对较少，设计师们比较习惯于原来的二维设计，转换新方式有阻力。同时，BIM 三维设计投入的时间和人力相比二维设计较多，在固定预算的情况下，设计成本会有所增加，所以设计院缺少主动推进 BIM 正向设计的动力。

🔆 小筑观点

（2）正向设计价值。

虽然在设计院推行 BIM 存在一定阻碍，但应用 BIM 正向设计对项目整体价值会比较高，工程设计本身也将受益。随着国内建设工程总承包模式的推进和国家对 BIM 设计标准的出台，BIM 正向设计会逐步应用在工程设计中。BIM 正向设计在建模时相对慢一些，但后面的专业协调和出图阶段会非常迅速。设计阶段作为工程全生命周期的前期阶段，设计模型出来后，对后期施工、造价和运维阶段信息共享、协同和效率提升必带来极大的帮助。

二、BIM 在施工单位的应用价值

（一）招投标

【痛点场景】

在以往招投标时，甲方对施工单位技术标文件中的施工组织方案、场地布置、工程进度描述感觉不够清晰，直观性差。

【BIM 价值】

施工单位可以在招投标时做施工方案和场地布置的模拟动画，使甲方能够更清晰直观地了解施工工序等现场情况。

🔆 小筑观点

在招投标阶段，甲方要求做 BIM 技术动画展示的项目相对较少，因为在不清楚自己是否中标的情况下，如果每个投标参与方均做一份施工模拟动画成本较高，会造成资源浪费。

（二）图纸会审

【痛点场景】

传统的图纸会审参与人员多、枯燥、效率低下、图纸错误查找不全面，如图 1-2-1 所示。

图 1-2-1　传统图纸会审

【BIM 价值】

根据各专业 CAD 图纸，由各专业 BIM 工程师利用中心文件、工作集的方式进行分专业建模。选用具有一定施工现场经验的工程师，在建模过程中，及时发现图纸问题，快速和设计师进行沟通，进行图纸变更。这样一来，图纸会审参与人员少，模型展示图纸错误更直观、更全面，进而减少施工阶段返工或浪费现象，节约工期和成本。

（三）深化设计、方案优化并指导施工

根据 BIM 模型，进一步对节点（比如钢结构、复杂钢筋节点等）进行深化设计，输出剖面图、三维图片等，发给各个专业的施工分包，前期保证图纸的准确性和一致性，施工时进行现场指导，保证各细部节点的准确施工，如图 1-2-2 所示。

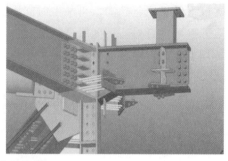

图 1-2-2 节点深化

（四）可视化施工方案设计和技术交底

【痛点场景】

技术方案无法细化、不直观、交底不清晰等问题经常在施工阶段出现，而 BIM 可以灵活直观地解决这类问题，如图 1-2-3 所示。

图 1-2-3 技术方案可视化

【BIM 价值】

施工之前，对于重要复杂的节点位置、复杂的工序采取图文并茂的方式进行施工技术交底。在讲解文字的同时对班组使用三维模型进行讲解，将工序节点造型形式及注意事项通过立体的模型展现给施工人员。尤其是一些复杂钢结构安装顺序及节点位置连接方式，通过三维模型能够直观地展示出来，使施工重点、难点部位可视化，提前预见问

题，确保工程质量。

（五）碰撞检查，管线综合

将各专业模型进行统一整合，利用碰撞检测等方法快速统计图纸设计存在的问题，以书面报告的形式进行记录，并汇报建设、设计、施工及监理单位。各方以座谈会的形式，制定详细的修改原则，然后进行设计调整，完毕之后出具各专业深化之后的施工图纸。

（六）场地布置，施工模拟

施工现场实际可用场地少，材料、设备多，通过三维动态施工平面布置实现可视化现场监管、场地动态布置等功能。

通过三维可视化功能，再加上时间维度，可以进行虚拟施工，直观快速地将施工计划与实际进展进行对比，同时进行有效协同，施工方、监理方以及非工程行业出身的业主领导均能对工程项目的各种情况了如指掌，从而缩短施工周期，降低总包和分包的履约压力。

（七）基于模型的算量、概预算以及现场材料/设备管理

作为一个富含工程信息的数据库，BIM 模型可真实地提供造价管理所需工程量数据。基于这些数据信息，计算机可快速对各种构件进行统计分析，大大减少烦琐的人工操作和潜在错误，便捷实现工程量信息与设计文件的完全一致。通过 BIM 所获得准确的工程量统计，可用于工程项目的成本估算、成本比较、概预算、材料管理和竣工决算等。

三、BIM 对造价工作带来哪些影响

（一）工程造价目前存在的问题

（1）造价管理周期长，涵盖工程建设每个阶段，数据量大且计算复杂。

（2）传统单机、单条套定额计价软件造成造价管理仍局限于事前招投标和事后结算阶段，无法做到对造价全过程的管控，精细化水平和实际效果不理想。

（二）BIM 技术在造价方面的应用价值

1. 提高工程量的计算效率

基于 BIM 的自动化算量方法，将造价工程师从传统的机械劳动中解放出来，节省更多的时间和精力用于更有价值的工作，如询价、风险评估，并可以利用节约的时间编制更准确地预算。

2. 提高工程量计算的准确性

BIM 模型是一个存储项目构件信息的数据库，可以为造价人员提供造价编制所需的项目构件信息，从而大大减少根据图纸人工识别构件信息的工作量以及由此引发的潜在错误，得到更加客观的数据。

3. 提高设计阶段的成本控制能力

基于 BIM 的自动化算量方法，可以快速计算工程量，及时将设计方案的成本反馈给

设计师，便于设计前期控制成本。其次，基于 BIM 设计可以更好地应对设计变更，直观显示变更结果，使设计人员清楚地了解设计方案的变化对成本的影响。

4. 提高工程造价分析能力

通过 BIM 技术，在统一的三维模型数据库的支持下，从最开始便进行模型、造价、流水段、工序和时间等不同维度信息的关联和绑定，在过程中能够以最短的时间实现任意维度的统计、分析和决策，保证多维度成本分析的高效性和准确性。

第三节 从国内外 BIM 发展看个人职业规划

一、国内 BIM 发展情况

(一) 国内 BIM 发展重要节点

2005 年，华南理工大学建筑学院通过与 Autodesk 联合的方式创建了专业的 BIM 实验室，首次将 BIM 技术引入中国。

2007 年，建设部发布《建筑对象数字化标准》，预示着 BIM 技术即将广泛推广。

2011 年，住房和城乡建设部发布《2011—2015 年建筑业信息化发展纲要》，拉开 BIM 在中国应用的序幕。

2012 年，住房和城乡建设部发布《关于印发 2012 年工程建设标准规范制订修订计划的通知》，宣告了中国 BIM 标准制定工作的正式启动。

2015 年，住房和城乡建设部发布《关于推进建筑信息模型应用的指导意见》，指出：“到 2020 年末，新立项项目勘察设计、施工、运营维护中，集成应用 BIM 的项目比率达到 90％。”

2016 年，住房和城乡建设部发布《2016—2020 年建筑业信息化发展纲要》。

2018 年 5 月，住房和城乡建设部发布《城市轨道交通工程 BIM 应用指南》。

2019 年 4 月，教育部等四部门印发《关于在院校实施“学历证书＋若干职业技能等级证书”（1＋X）制度试点方案》的通知中包含“建筑信息模型（BIM）职业技能等级证书”。

2019 年 4 月，人力资源和社会保障部发布 13 个新职业，其中建筑信息模型技术员（BIM）名列其中。

2020 年 4 月，住房和城乡建设部发布《住房和城乡建设部工程质量安全监管司 2020 年工作要点》，试点推进 BIM 审图模式，提高信息化监管能力和审查效率，推动 BIM 技术在工程建设全过程的集成应用。

2020 年 8 月，住房和城乡建设部等九部门联合发布《关于加快新型建筑工业化发展的若干意见》，大力推广建筑信息模型（BIM）技术，加快推进 BIM 技术在新型建筑工业化全寿命期的一体化集成应用。

（二）中国国家 BIM 标准

中国国家 BIM 标准名称及实施状态见表1-3-1。

表 1-3-1　中国国家 BIM 标准名称及实施状态

序号	标准名称	标准实施状态
1	《建筑信息模型应用统一标准》	2017 年 7 月开始实施
2	《建筑信息模型存储标准》	编制中
3	《建筑信息模型分类和编码标准》	2018 年 5 月开始实施
4	《建筑信息模型设计交付标准》	2019 年 6 月开始实施
5	《制造工业工程设计信息模型应用标准》	2019 年 10 月开始实施
6	《建筑信息模型施工应用标准》	2018 年 1 月开始实施

💡 **小筑观点**

BIM 在国内的发展及普及相对 CAD 较缓慢，但近几年随着国家政策引导和甲方企业要求，BIM 技术应用发展速度加快。雄安新区作为城市样板，要求所有新建建筑必须使用 BIM 技术。预测在不远的将来，国家会出台强制标准使用 BIM 技术，届时建筑从业人员人人均需掌握此项技术。

二、国外 BIM 技术应用发展情况

（一）BIM 在美国的发展现状

美国是较早启动建筑信息化应用研究的国家，BIM 在美国的发展从民间对 BIM 需求的兴起到联邦政府对 BIM 发展的重视及推行相应的指导意见和标准，最后到整个行业对 BIM 发展的整体需求提升。目前，美国大多数建筑项目已经开始应用 BIM，国家 BIM 标准把 BIM 应用最高级别定义为"国土安全"。

（二）BIM 在英国的发展现状

英国的 BIM 应用发展与大多数国家不同，在工程建设中，英国政府要求强制使用 BIM。2011 年 5 月，英国内阁办公室发布了政府建设战略（Government Construction Strategy）文件。文件提出，自 2016 年起，所有英国政府项目开始强制遵循 3D-BIM 要求。

（三）BIM 在北欧国家的发展现状

瑞典、挪威、丹麦和芬兰是 BIM 发展应用的典范国家，也是一些主要的建筑业信息技术的软件厂商所在地，这些国家是全球最先一批采用基于模型设计的国家。截至目前，瑞典施工企业 95％以上的施工项目拥有 BIM 模型，专业包涵结构、建筑、机电全专业模型。

（四）BIM 在新加坡的发展现状

自 2010 年起，新加坡建筑业开始采用 BIM 并构建 BIM 能力。2010 年实施了 BIM 发展路线规划，到 2015 年 80％的建筑使用 BIM。到 2015 年，所有新建建筑面积小于 5000m² 的工程均需要采用 BIM 电子提交方式。2015—2018 年，工程建设各方形成了虚拟设计和施工能力。

三、BIM 的发展阶段及趋势

(一) BIM 的发展阶段

BIM 技术在我国的发展经历了概念导入、理论研究与初步应用、快速发展及深度应用三个阶段。

1. 概念导入阶段

本阶段是自 1998 年至 2005 年。在理论研究上，本阶段主要是针对 IFC[①] 标准的引入，并基于 IFC 标准进行一些研究工作。

2. 理论研究与初步应用阶段

本阶段是自 2006 年至 2010 年。在该阶段，BIM 的概念逐步得到行业的认知与普及，科研机构针对 BIM 技术开始理论研究工作，并开始应用 BIM 技术到实际工程项目，但主要聚焦在设计阶段。

3. 快速发展及深度应用阶段

自 2011 年以后，BIM 技术在我国得到了快速的发展，无论是国家政策支持，还是理论研究方面，均取得了重大突破，尤其是在工程项目上得到了广泛应用。在此基础上，BIM 技术不断地向更深层次应用转化。

(二) BIM 的发展趋势

1. BIM 1.0

本阶段以设计阶段应用为主，以设计院为先锋用户，重点关注 BIM 建模的模型设计与搭建。

2. BIM 2.0

在本阶段中，BIM 应用从设计阶段向施工阶段延伸，重点探索基于 BIM 模型的应用，承接前期设计模型，聚焦项目层，解决实际问题。

3. BIM 3.0

本阶段是以施工阶段应用为核心，BIM 技术与管理全面融合的拓展应用阶段，它标志着 BIM 应用从理性走向攀升阶段。在此阶段下，BIM 技术应用呈现出从施工技术管理应用向施工全面管理应用拓展、从项目现场管理向施工企业经营管理延伸、从施工阶段应用向建筑全生命期辐射的三大典型特征。

---

① IFC 是 Industry Foundation Classes 的缩写，是建筑工程数据交换标准，用于定义建筑信息可扩展的统一数据格式，以便在建筑、工程与施工软件应用程序之间进行交互。

在工程项目中，当需要多个软件协同完成任务时，不同系统之间就会出现数据交换和共享的需求。这时需要把数据信息从一个软件完整地导入到另外一个软件，如果涉及软件系统很多，这将是一个很复杂的技术问题。如果有一个标准、公开的数据表达和存储方法，每个软件都能导入、导出这种格式的工程数据，问题将大大简化，而 IFC 就是这种标准、公开的数据表达和存储方法。

🔅 小筑观点

信息化 → 数字化 → 智能化 → 智慧化

关于BIM的发展趋势，小筑建议结合国内建筑行业的"四化"发展来了解，"四化"即信息化、数字化、智能化和智慧化。任何新技术不会脱离行业大发展趋势，以行业发展为主线，更容易通透理解。以下是小筑站在施工单位视角，对"四化"的理解。

（1）信息化。

工程信息在线化。建筑行业的信息化水平仅高于农业，在所有行业中倒数第二。很多人认为BIM是信息化的基础，其实是不正确的。目前很多企业也在建设信息化模块，成立了信息化部门，但这里的信息化只是做了一个信息化管理平台，把现场发生的要素搬到平台上，将信息在线化，比如现场的一些审批、一些信息的多部门同步、一些关键指标的看板和现场一些实时影像，领导不必去现场也能了解各个工程的现状，方便做业务管理决策。

通俗地讲，信息化是搬运工，即把线下信息搬到线上，提升的只是信息管理决策效率，但对业务本身并没有帮助，所以很多一线人员都不愿意做，感觉劳民伤财，其实这是精细化运营发展的一个必要过程。

（2）数字化。

物理空间工程业务逻辑和流程在数字空间虚拟重构，在数字空间中找到最优业务路径，迭代物理空间业务逻辑和流程。

通俗来讲，数字化是针对业务本身，提前在电脑软件中把工程虚拟建造一遍，在虚拟建造的过程中发现图纸、施工组织管理等问题，通过多次模拟，找到最优业务路径，优化现场实际施工方案，提升业务效率。比如动态场地布置、机电管综施工等。所以，BIM是数字化的基础。

（3）智能化。

智能化分为两部分，一是施工方案智能化，二是结合硬件智能作业。

方案智能化：上面我们说数字化是针对施工作业本身的动作，施工作业是分散的多个点，而智能化可以把这些点连成线。通过项目多单点数据整合分析以及不同业务点的数据关联，从而模拟出一个工程项目的完整施工组织安排及业务细节操作，其实就是施工组织设计的数字版，这个过程不再是由项目总工手工编制而成，而是通过对项目特点的分析，系统自动生成，项目总工只需逐项确认操作细节，细部调整即可。

硬件智能化：目前现场劳务队伍老龄化比较严重，招工困难，可以想象未来5～10年，愿意从事工程建设的工人会越来越少，施工机械化和智能化是必然选择。建筑机器人现在也比较流行，在数字化的基础上，结合硬件进行实操作业，现在工地门禁的人脸识别和安全帽远程定位就是一个基础应用，抹灰、混凝土振捣、铺砖、砌墙、钢筋绑扎等专业机器人在业内正逐步开发使用。

（4）智慧化。

在智能化的基础上，生成大量数据，通过机器学习，系统主动推荐施工方案或管理方案。对于智慧化的理解，业内没有统一意见，经常把智能化与智慧化混淆，所以想要实现工程智慧化，还有很长一段路要走。

（三）个人如何做职业规划

1. 未来的工程现场是什么场景

随着社会的发展和科技的进步，未来建筑工地将不再是一个劳动密集型场景，而是遥控作业、智能终端等场景。因为人工智能、机械化施工、装配式技术、BIM技术、物联网技术等新技术日新月异，以后可能不会再有现在这么多工人在建筑工地施工作业，取而代之的是工程师或操作工指挥机械、机器人来完成施工作业，工地信息化和机械化程度高。

未来建工行业将更注重人才的综合能力，即除了熟练掌握专业技能外，还需要掌握一定的信息化应用技术。

2. BIM人才需具备的能力

（1）BIM人才能力要求。

随着建筑信息化时代的到来，行业岗位人才需求也发生了巨大变化，BIM人才除了需要具备基本的工程专业能力外，还需具备BIM实操技能，管理人才还需具备基于多参与方的管理协同能力。BIM人才应该是复合型人才，只有这样才能真正在项目中发挥价值。

（2）BIM人才需求层次如图1-3-1所示。

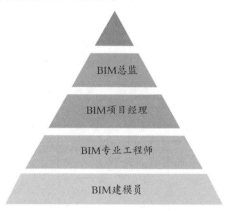

图1-3-1 人才需求层次图

（3）BIM人才发展路径。

①专业从事BIM工作：目前BIM技术处于前期发展阶段，很多企业均有专门的BIM岗位，比如甲方、设计院、施工单位和BIM咨询公司，如果后期专业从事BIM工

作，建议考虑设计院和 BIM 咨询公司。将来，BIM 正向设计在设计院会有长线发展，在咨询公司成长比较快，可以快速经历各种项目。在施工单位一个项目需要经历 2~3 年时间，而在咨询公司 1 年可以做多个项目，从 BIM 建模员开始，快的 1~2 年即可以独立带队做项目，做 BIM 项目经理，后期可以跳槽至施工单位做 BIM 中心负责人或去甲方组建 BIM 团队。

②在岗提升 BIM 技能：未来，BIM 技术将是一项基础必备技能，"BIM＋岗位"将是一种趋势，即未来的岗位名称会改为 BIM 项目经理、BIM 项目总工、BIM 土建工程师等，所以建议从业人员在学习专业技能的同时，还要注重 BIM 技术的提升。

第四节　BIM 软件推荐及学习建议

一、精通 BIM 技术需要学习哪些软件

针对土建从业者，小筑按照 BIM 技术实际应用划分了以下五款主流软件，各软件功能对比见表 1-4-1。

（1）核心建模：Revit。

（2）碰撞检测：Navisworks。

（3）渲染漫游：Fuzor、Lumion。

（4）动画制作：Navisworks、Fuzor、Lumion。

（5）项目管理：BIM5D。

表 1-4-1　五款 BIM 软件功能对比

软件名称	核心功能	功能 2	功能 3	学习难度	优点	缺点
Revit	参数化建模	渲染、算量、出图	文档编制	★★★	功能齐全	正版价格高
Navisworks	碰撞检查	4D 控制	施工演示	★★★	电脑配置要求低，功能齐全	渲染漫游动画效果较差
Fuzor	轻量级演示	渲染漫游	动画创建	★★	操作方便，与 Revit 同步交互功能强	渲染效果较差，价格较高
Lumion	渲染漫游	场景创建	—	★★★	渲染动画效果好	对电脑配置要求高
BIM5D	施工精细化管理	施工模拟	砌体排布	★★★★	管理功能强大，可实现生产、成本、质安、技术、合同等多维管理	操作功能多，涉及业务流程广，对电脑配置要求高

二、学习 BIM 只懂软件操作就可以吗

BIM 的学习是循序渐进的过程，很多人认为学习 BIM 就是学习软件工具，做模型生产就是 BIM，这样的观点是极为片面的。

通俗地讲，仅学好 BIM 软件而不理解现场工作，很难把 BIM 应用落地使其真正发挥优化当前工作的作用，也就是说，只有 BIM 软件操作能力和专业技术能力同时掌握，才能真正掌握 BIM 能力，即

$$BIM 能力 = BIM 软件操作能力 + 专业技术能力$$

所以，对于有现场经验、有 CAD 基础、没有 BIM 基础的从业人员来说，学习 BIM 技术会比较快，把 BIM 技术逐步应用到项目上会对其职业成长助力很多。

对于没有现场经验的在校学生，BIM 技术作为一项新技能，对其日后的职业发展将有很大帮助，但需要在实际工作过程中不断学习现场知识，不断融合发展，利用 BIM 跟完一两个项目，也就基本具备了综合利用 BIM 技术指导施工的技能。

三、正确的 BIM 学习方法

（一）认识 BIM 技能学习带来的价值

在正式开始学习之前，建议大家先了解 BIM 技能学习思路，其是指导学习的基础，同时也有助于大家对 BIM 学习有一个系统的认识。下面是小筑教育研发的"BIM 技能学习价值曲线"，如图 1-4-1 所示。

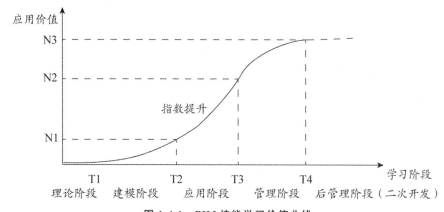

图 1-4-1　BIM 技能学习价值曲线

（1）建模是 BIM 技能应用、管理的基础，此部分技能基础不牢固，后面模型应用会遇到很多困难。

（2）对实际工程项目而言，建模部分并不能产生很多价值，BIM 技术真正的价值体现在应用和管理部分，从目前来看更多地体现在应用部分，比如：管综碰撞、场布、施工模拟等。对于管理部分，比如结合进度、造价的 BIM5D 等，行业管理技术平台还在逐步完善中。随着国内 BIM 行业标准的出台，基于 BIM 理念与技术的二次开发平台会逐步发展起来，届时 BIM 技术的大发展时期将正式到来。

（二）学习 BIM 的正确方法

BIM 技术学习不同于应试备考学习，如建造师学习更多的是理论的知识理解与掌握，而技能的学习更加注重对技术的实操能力，注重动手训练，所谓三分学习七分操练，再浅显的技能如果不演练操作，也很难真正理解和掌握。

　　按照技能提升和实际应用维度，BIM 学习可以分为三个阶段：建模阶段、应用阶段、管理阶段。

　　建模阶段是基础阶段，因为建模属于最基础的技能，项目 BIM 应用和管理建立在模型之上，要求对软件基本构件的绘制方法和原理全面掌握；应用阶段更多的是结合实际案例学习，此阶段更多的是注重利用软件解决实际问题；管理阶段更多的是对造价、进度等信息的动态综合管理，比如 BIM5D，基于软件操作对实际问题的协同管理。

　　技能学习的目的不是考试，而是能够实际解决工作中的问题，建议大家在 BIM 学习过程中以目标问题为导向，这样学习效率会比较高，学习效果也比较好，同时学习的成就感也比较强。

📅 第二天

黑夜到临的时候，没有人能够把一角阳光继续保留。

今日作业

回答以下问题，作为今天学习效果的检验。

1. Revit 软件的建模原理是什么？

2. 项目常规 BIM 建模流程是什么？

3. 一般项目的设计模型精度是多少？施工图模型精度是多少？

第二章　前期准备

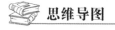
思维导图

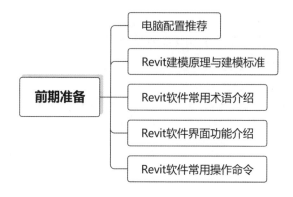

第一节　电脑配置推荐

BIM 作为当前建造业发展的一种应用手段，其能够深入地贯穿于项目工程工作流程中。但是在使用软件前，我们首先需要了解什么样的电脑配置适合工作，什么样的电脑配置适合软件学习。以下是使用 BIM 类软件对电脑的配置要求介绍，仅供参考。

一、台式电脑配置推荐

台式电脑配置推荐见表 2-1-1。

表 2-1-1　台式电脑配置推荐

项目	基础配置	优良配置	高端配置
CPU	Intel i5 10400F 6 核 12 线程	Intel 酷睿 i7 9700K	3700X、i9 9900K、3800X、3900X
散热	冷锋霜塔 Ts4 静音版	酷冷 T610P	—
主板	技嘉 B460M-D2SV 金牌超耐久	华硕 Z390	—
内存	威刚 16G（8G×2）DDR4 2666	海盗船 16G（8G×2）3200	16G 及以上（8G×2 或者 16G×2）
固态	三星 PM981 256G	—	SN550、SN750、970EVO Plus

续表

项目	基础配置	优良配置	高端配置
显卡	七彩虹 1660SUPER AD OC 三风扇	索泰 2060S（或者蓝宝石 5700XT 白金）	2070SUPER、2080SUPER
电源	鑫谷 GP600 500W	海盗船 RM750X	海韵、振华 650W 及以上
硬盘	—	三星 970EVO 500G	
显示器	—	AOC C32G1	—
备注	参考价格 5000 元左右，仅适合 BIM 建模，大型项目会稍微卡顿	参考台式机价格在 10000 元左右，满足 BIM 建模与应用	参考台式机价格在 20000 元左右，适合用作 BIM 工作站，一个项目一台足够

二、笔记本电脑配置推荐

笔记本电脑配置推荐见表 2-1-2。

表 2-1-2　笔记本电脑配置推荐

类型	CPU	显卡	内存	硬盘	屏幕	备注
基础配置	i5-10300H	独显 GTX 1650Ti	三星 16GB 2933MHz	固态 SSD 512GB	144Hz 电竞屏	三款笔记本电脑价格均在 6000 元左右，做汇报、展示模型、建模学习均可，制作动画渲染会有轻微卡顿
	i5-9300H	独显 RTX2060	DDR4 8G	固态 SSD 512GB	普通色域屏	
	i5-10300H	GTX1650Ti	16GB	1T SSD	144Hz 高色域真电竞屏	
高端配置	第六代 i7-6700HQ 四核处理器	GTX 1060 6G	16GB	高速固态硬盘	IPS 全高清雾面屏	价格在 15000 元左右，适合出差、整合大型模型、渲染应用

第二节　Revit 建模原理与建模标准

一、建模原理

Revit 建模是通过控制参数，按照软件构件组合规则，形成三维信息表达的数字模型。

（一）三维模型

BIM 的核心应用是依靠各类方式创建的整体三维模型，三维模型比起二维图纸表达信息更直观、更全面。

（二）参数控制

内置的控制参数可以控制三维模型的各处尺寸，不同的情况下，灵活地控制参数可以让一个三维模型的应用范围极为广泛，无须重复建模。

（三）信息关联

为了满足出图、施工等方面的要求，三维模型中同样预设了多类信息，这些信息与 BIM 应用流程的各个阶段相互关联，信息的丰富程度决定了三维模型的"使用寿命"。

二、建模标准

在应用 BIM 软件建模时，存在不同的建模流程。本书以 Revit 2020 版本的机电建模为主线，结合项目建模一线人员的工作经验，介绍单人建模与团队建模两种方式建模时，应注意的相关标准流程和模型建立标准。

（一）单人建模

单人建模时不需要考虑多人配合，建模成果的拆分建立和一并建立主要受限于工作设备（电脑配置）。其构件和模型文件的命名，如不需要考虑对外交付就不需要相关标准，如需要对外交付，参照团队建模方式即可。

1. 新建项目及项目样板

在软件初期建模之前，需要先打开 Revit 软件进行新建项目，同时需要选择对应的项目样板文件，如需新建样板，可根据需求自行建立。

2. 绘制轴网和标高

轴网和标高是对于 BIM 建模必不可缺的两项定位信息。轴网决定平面绘图的定位，而标高决定构件所处不同的空间位置，因此确定项目的轴网和标高信息是建模的前提。

3. 通风系统建模

BIM 机电建模过程中，常见的通风系统构件一般包括管道、管件、附件、末端、机械设备等构件，根据构件类型的不同，绘制、放置顺序也不同。本书以资深建模员的操作流程和方式讲解一个完整的建筑通风系统案例的建模顺序。

4. 水管系统建模

BIM 机电建模过程中，常见的水管系统构件一般包括管道、管件、附件、喷头、机械设备、卫浴装置等构件，根据构件类型的不同，绘制、放置顺序也不尽相同。本书以资深建模员的操作流程和方式讲解一个完整的建筑水暖系统案例的建模顺序。

5．电气系统建模

BIM 机电建模过程中，常见的电气系统构件一般包括桥架、线管、配件、电气设备、照明设备等构件，根据构件类型不同，绘制、放置的顺序也不尽相同。本书以资深建模员的操作流程和方式讲解一个完整的电气系统案例的建模顺序。

（二）团队建模

1．BIM 实施基本标准

因为多人协作建模，所以要有一个共同遵守的 BIM 实施基本标准，主要的标准共四项。

（1）建立项目统一的轴网、标高。此内容需要结合本书第三章的"机电项目样板设置"和第四章的"建模基础制作"来完成。

（2）规范统一的软件平台。建模软件与应用软件统一，例如建模使用 Revit 2020 版、碰撞使用 Navisworks 2020 版等。

（3）各专业 BIM 模型精度标准。不同的建模精度，对不同的模型产生的效果不同。例如框架柱（一个六面体）和幕墙（七八个异形构件组合）的区别。

（4）族文件、项目文件命名标准。名称上的统一便于模型管理，以及后期模型应用便捷。

2．BIM 团队建模流程

此处以翻模（根据设计图纸做模型）为主线梳理，一般情况下，接收到建模任务时，施工图纸已经备好，根据图纸再细分为施工 BIM 模型的创建、施工 BIM 深化图纸生成、模型审核及图模会审、编制 BIM 工作进度计划表四个过程。

（1）施工 BIM 模型的创建。

常规 BIM 模型建立流程，一般是分人分专业创建模型，任务分配完成后，各专业同时根据图纸创建模型。模型搭建完成后将各专业模型进行专业综合、碰撞检查、优化模型，确保模型的可实施性和准确性。模型创建标准一般由甲方或 BIM 咨询方制定，可参考的具体模型建立标准见本节下一部分内容。

（2）施工 BIM 深化图纸生成。

由经过审查及修改后的 BIM 深化模型生成施工深化 CAD 图纸，可用于指导现场施工，减少施工过程中的错漏碰缺和返工问题。

（3）模型审核及图模会审。

工程参与各方针对提交的 BIM 模型开展图模会审，确认模型修改的合理性、为审查图纸问题提供 BIM 支持。由模型审查确认的图纸问题应及时反馈，使其更新以保证与 BIM 模型的一致性及对现场施工指导的可实施性。模型审查及图模会审应出具模型审查意见表和图模会审意见表。

（4）编制 BIM 工作进度计划表。

BIM 咨询方每月底编制下月度的 BIM 模型审核计划表，明确各方 BIM 模型创建、审核及会审的时间节点，同时要求施工总包方提交下月 BIM 实施计划。计划的编制可以保证 BIM 工作的实施进度，可以确保虚拟 BIM 模型对现实工程建造的指导价值。

三、项目模型文件的命名标准

机电项目建模时，需要考虑规范的模型名称、成果文件名称等因素。以成果文件名称命名为例，命名规则一般按照××-专业-楼层的格式来进行。

命名规则中，"××"为项目代号，如某某小区、某某大厦、某某地块等。

机电项目专业可以细分为多个专业，其在项目中一般以缩写展示，一般机电专业有暖通空调、给排水、消防、强电、弱电，其对应缩写分别为：AC、PD、FS、EL、ELV。

建模时考虑到团队合作因素、项目大小因素等，一般由每人负责一层（非标准层每一层算一层、标准层算一层）进行建模，或者每人负责一个楼的专业对应模型进行建模。那么对应建模成果就会出现一个成果文件只包含一个或几个楼层，或一个成果文件包含一栋楼的整个机电模型的情况。

上述情况的前者，楼层名可以根据楼层高度从低到高，如 B1、D1、F1、F2。如果一个文件包含多个楼层，那么楼层名称根据楼层高度从低到高，如 F1－F3 进行描述。命名成果如下：

××-AC-B1，B1 表示地下一层。

××-AC-（F1—F3），（F1—F3）表示地上部分一至三层。

上述情况的后者，如果一个文件包含整个专业模型，则不需要写楼层名称，命名成果如下：

××-AC，表示包含整栋建筑模型。

四、BIM 建模精度

在 BIM 技术的应用中，BIM 模型的建立与管理是不可或缺的关键工作，但是在工程生命周期的不同阶段，建模的设计阶段和施工阶段较为成熟。

一般设计模型精度为 LOD300（构件级，明确显示出具体建筑构件所占空间及位置），施工模型精度为 LOD400（零件级，模型外形构造的可见尺寸与实物一致），而一般的实际工程中，设计图纸往往由于交付深度的不足（图纸设计不完善，会存在错、漏、碰、缺等问题），所以有了 LOD350（LOD300 基础上加上模型间连接部件的具体信息）作为过渡，这也是模型能够检查图纸问题的最直观表现。

BIM 建模深度按照不同专业划分，包括建筑、结构、设备（机电）专业。具体的建模各阶段精度要求可在随书附送的附件中获得。各阶段模型精度要求的简单解释如下。

LOD100：一般为规划、概念设计阶段。包括建筑项目基本的体量信息（如长、宽、高、体积、位置等）。可以帮助项目参与方，尤其是设计与业主方进行总体分析（如容量、建设方向、每单位面积的成本等）。

LOD200：一般为设计开发及初步设计阶段。包括建筑物近似的数量、大小、形状、位置和方向。同时还可以进行一般性能化的分析。

LOD300：一般为细部设计。这里建立的 BIM 模型构件中包含了精确数据（如尺寸、位置、方向等）。可以进行较为详细的分析及模拟（例如碰撞检查、施工模拟等）。

LOD350：在 LOD300 基础之上再加上建筑系统（或组件）间组装所需的接口（Interfaces）信息细节。

LOD400：一般为施工及加工制造、组装。BIM 模型包含了完整制造、组装、细部施工所需的信息。

LOD500：一般为竣工后的模型。包含了建筑项目在竣工后的数据信息，包括实际尺寸、数量、位置、方向等。该模型可以直接交给运维方作为运营维护的依据。

扫码获取作业解析

第三天

时间像弹簧，可以缩短，也可以拉长。

今日作业

回答以下问题，作为今天学习效果的检验。

1. Revit 软件界面中功能区分为几个层级，分别是什么？

2. Revit 软件界面中项目浏览器的作用是什么？绘图区域的作用是什么？

3. 族一般分为几种？墙是哪种族？

4. 图元的分类从粗到细分别是什么？

第三节　Revit 软件常用术语介绍

一、Revit 介绍

Revit 是 Autodesk 公司研发的一套系列软件的名称，2013 版之前有 3 个软件，2013 版及以后归并在一个软件里。Revit 软件组成如图 2-3-1 所示。

Revit软件组成		
Revit Architecture 建筑	Revit Structure 结构	Revit Mep 水暖电

图 2-3-1　Revit 软件组成

二、样板与项目文件格式

一般来说，Revit 常用的文件格式包括以下四类：

rvt 格式：rvt 格式为项目文件格式，即建模工程项目常用的保存格式。

rte 格式：rte 为项目样板格式，即在新建项目时选择的样板文件，其中包含了各种预载入的族和预设置的属性和参数，是一个项目的起点。

rfa 格式：rfa 为族文件格式，即在建模过程中用到的各类自建族，如门、窗、柱、梁等。

rft 格式：rft 为族样板格式，即在建族过程中使用的各类族样板文件。

三、项目

在 Revit 软件中，项目是单个设计信息数据库模型，包含了建筑的所有信息（从几何图形到构造数据），如模型构件、项目视图和设计图纸。

四、图元

在创建项目时，可以添加 Revit 参数化建筑图元，Revit 按照类别、族、类型对图元进行分类，如图 2-3-2 所示。

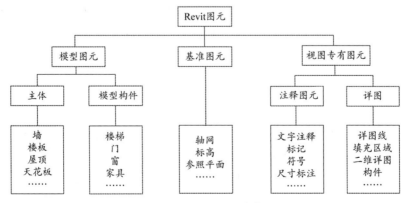

图 2-3-2　Revit 图元分类图

五、类别

用于对建筑模型图元、基准图元、视图专有图元进一步分类。

例：墙、屋顶以及梁、柱等。

六、族

族是Revit软件中非常重要的一项内容，它是建模过程中应用各类构件实现建筑形体的基础所在。族可以根据参数属性集的共用、使用上的相同和图形表示的相似来对族进行分组。一个族中不同的图元部分或全部属性都可能存在不同的数值，但是属性的设置方法是相同的。例如某一钢制防火门视为一个完整的族，但构成该族的各部分图元（如门框和门板）可能会有不同的尺寸等。

族基本分为三种：可载入族、系统族及内建族。

（1）可载入族可以载入到项目中，根据族样板进行创建，确定族的属性和表示方法等。例如机械设备、卫浴装置等。

（2）系统族包括风管、水管、桥架、尺寸标注和标高等，它们不能作为单个文件载入或创建。在Revit软件中已预定义了系统族的属性设置及图形表示。

（3）内建族用于定义在项目的上下文中创建的自定义图元，项目不希望重用的独特几何图形，可以使用内建图元。

七、类型

特定尺寸的模型图元族就是族的某一个类型，如图2-3-3所示。

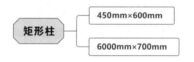

图 2-3-3　族与类型

八、实例

放置在项目中的实际项（单个族），它们在建筑（模型实例）或图纸（注释实例）中都有特定的位置。类别、族、类型、实例之间的关系如图2-3-4所示。

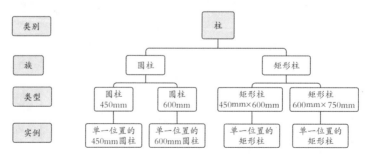

图 2-3-4　Revit 族实例分级

第四节 Revit 软件界面功能介绍

在学习 Revit 功能操作之前，需要熟悉 Revit 的基本界面和模块。

一、Revit 启动界面

Revit 启动界面如图 2-4-1 所示。

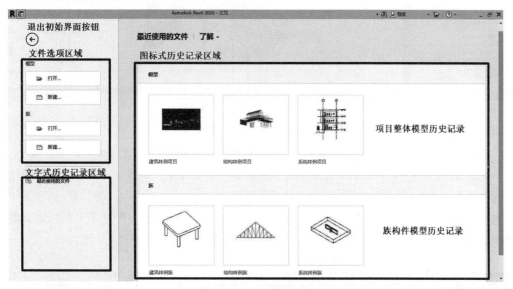

图 2-4-1 软件启动界面

在 Revit 启动界面，可以启动项目文件或族文件。根据需要选择新建或打开所需的项目或族文件，同时在此界面默认显示最近访问的文件，该文件以图标的方式进行显示。

二、用户界面组成部分

用户界面组成部分，内容模块划分较多，根据常用的模块功能区，划分为以下 7 个区域部分，如图 2-4-2、图 2-4-3 所示。

图 2-4-2 项目上部界面

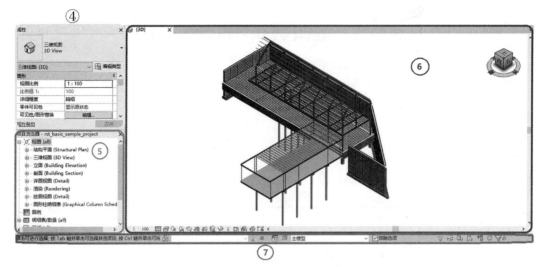

图 2-4-3　项目下部界面

（1）区域 1 为快速访问工具栏：用于显示部分常用命令，以便快速选择和使用。

（2）区域 2 为功能区：包含选项卡、面板、命令三个部分（如图 2-4-4 所示），主要用于对命令进行分类。"文件"选项卡中主要包括新建、保存、导出等命令，"建筑"选项卡中主要包括墙、板、门窗等命令。较特殊的是"修改"选项卡，当"修改"选项卡后出现其他文字时，该选项卡内会出现适用于当前状态的可操作命令，此时也称为"上下文选项卡"。

选项卡

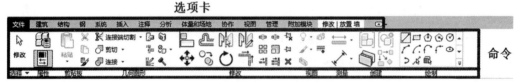

面板

图 2-4-4　功能区

（3）区域 3 为选项栏：用于对当前激活的命令或选定的图元构件显示可使用的选项，如创建墙体时的相关设置选项。

（4）区域 4 为属性选项板：用于查看和修改所选中的或将要创建的图元的相关属性，分为类型选择器、属性筛选器、编辑类型按钮、实例属性四部分，可对选中的图元进行类型和属性上的筛选且对类型属性及实例属性进行编辑，如图 2-4-5 所示。

（5）区域 5 为项目浏览器：用于显示当前项目中所有视图、明细表、图纸、族和其他部分的逻辑层次。展开和折叠各分支时，将显示下一层内容，如图 2-4-6 所示。

图 2-4-5 属性选项板 图 2-4-6 项目浏览器

（6）区域 6 为绘图区域：用于显示当前项目的视图（以及图纸和明细表）。每次打开项目中的某一视图时，此视图会显示在绘图区域中其他打开的视图的上面。可在此区域内对图元进行创建或观察。绘图区域左下角有用于对当前视图进行设置的视图控制栏，可以对当前视图中的图元的显示比例、显示方式、显示精度、隐藏/隔离等进行控制，如图 2-4-7 所示。

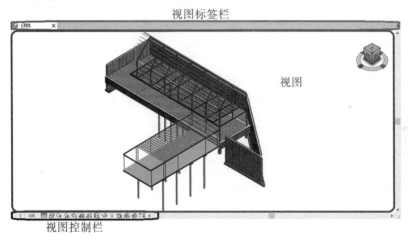

图 2-4-7 绘图区

（7）区域 7 为状态栏：用于提供当前可执行操作的提示。选择图元或光标指向构件时，状态栏会显示族和类型的名称。右侧的几个控件中最重要的是最右侧的选择控制控件，用于控制光标可选择的内容，如图 2-4-8 所示。

状态栏 工作集和设计选项控件 选择控制控件

图 2-4-8 状态栏

各功能区模块的具体内容在后续章节中会详细讲解，本节不再赘述。

第五节　Revit 软件常用操作命令

一、选择操作

在 Revit 软件中，选择图元的方式有以下几种。

选择提示（又名预选状态）：当光标放到视图内某构件上时，该构件将以加粗的蓝色线框状态显示。

点选与切换：光标放置到图元上，被选中的图元将显示蓝色边缘（默认），单击 Tab 键可在光标附近更换选择对象。

左右框选：从右向左框选时，光标范围内图元均被选中，从左向右框选时，图元没有完全在范围内则不被选中。

加选与减选：当复数图元均需要选中但距离过远时，长按 Ctrl 键，光标即可多次选择。如选取内容超出所需范围，长按 Shift 键，光标即可对已选中图元进行单击，使其退出选中状态。

二、视图操作

在 Revit 软件中，对视图的操作有以下几种方式：

（1）二维视图：按下鼠标滑轮即可拖拽视图，平移视口位置。滚动鼠标滑轮即可放大或缩小视口所视范围。

（2）三维视图：长按 Shift 键和鼠标滑轮，可围绕选中的图元进行观察，同样可以使用在二维视图中操作，在三维视图中平移或缩放视口以方便查看视图内容。

（3）缩放匹配：当操作视图使视口距离模型过远导致无法观察到模型时，可右键视图空白处，选择"缩放匹配"选项以使图元满铺视图。同样应注意，当视图内有图元距离主体过远时，满铺视图会导致视图中图元过小而无法观察到。

三、修改操作

在 Revit 软件中，对图元的常用修改命令有以下几种。

（一）移动和复制

命令描述：通过选择基点的方式将选中的图元移动/复制到指定位置，如图 2-5-1 所示。

操作方式：单击选择需要移动/复制的图元，单击使用移动/复制命令，光标在图元上（最好是棱角处）单击以定义基点（用于确定方向），光标向一个方向移动到指定位置后再次单击左键完成移动/复制（或者向一个方向移动后，直接通过键盘上数字输入距离，该距离单位默认为 mm）。

注意：移动图元时，相连的图元会互相限制（如两条相交的墙），使其无法正常移动（呈 7 字相交的墙选中 I 处墙体向下移动时，移动变成延长）。使相连图元完整移动到其他位置，应勾选选项栏中的"分开"。

图 2-5-1　修改面板—移动与复制

（二）对齐

命令描述：选好目标，再选图元，图元会向目标的位置移动，如图 2-5-2 所示。

操作方式：先单击"对齐"命令，然后选择一个线或模型表面作为对齐目标，再选择一个线或模型表面作为移动实体，单击完成后会移动到选定位置。

注意：对齐时应避免选择的移动实体处于被限制状态。

被限制状态：被锁定命令锁定无法移动；与其他构件连接导致移动方向受限（如呈 7 字相交的墙选中 I 处上方墙体端头，向上方远处对齐，则无法移动）。需要将多个图元与某处位置对齐移动时，可勾选选项栏中的"多重对齐"。

图 2-5-2　修改面板—对齐

（三）镜像

命令描述：用于创建一个与选定图元构造相反的镜像成果，如图 2-5-3 所示。

操作方式：选择要镜像的对象，然后单击"镜像"命令，通过拾取现有的线、模型边（拾取轴镜像）或自行绘制轴线（绘制轴镜像）作为镜像轴。完成操作后镜像图元创建成功。

注意：建议新手在二维视图中操作，绘制轴镜像时绘制的轴线为两点成线，应避免绘制方向错误以导致镜像位置错误。

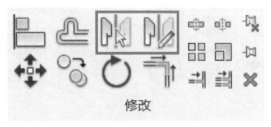

图 2-5-3　修改面板—镜像

（四）修剪/延伸图元

命令描述：

（1）修剪/延伸单个/多个图元：线图元使线性图元修剪/延伸到目标位置。

（2）修剪/延伸为角：使交叉或未交叉的线性图元相交成角。

如图 2-5-4 所示。

操作方式：

先单击"修剪/延伸单个/多个图元"命令，选择一个线性图元作为修剪/延伸目标，然后单击一个可与/正与目标相交的线性图元，完成后以目标位置为准分为两侧，比目标长的线性图元，被光标单击的一侧将保留，没有被单击的位置将被删除（修剪图元）。比目标短的线性图元，将延伸到目标位置与目标相交（延伸图元）。单个和多个的区别在于完成一次操作后，需要继续先选目标再选实体，还是继续选其他实体以将其修剪或延伸。

"修剪/延伸为角"的使用方式与以上操作方式一致，区别在于选择完成后，修剪/延伸的图元还包括目标，以达成两者成角的作用。

注意：一个是以目标为准，将被选线条实体修剪或延伸；另一个是选择两个目标，将两个目标以修剪或延伸的方式相交成角。

图 2-5-4　修改面板—修剪图元与修剪为角

（五）锁定、解锁、删除

命令描述：添加"锁定"（图钉）可使选中的图元不能被删除或移动，使用"解锁"可解除，不需要的图元选中后选择"删除"命令可将其删除，如图 2-5-5 所示。

操作方式：选中图元，然后选择对应命令之后，没有锁定的将被锁定，被锁定的可解锁，无锁定的可删除。

注意：上述描述为三个命令。

图 2-5-5　修改面板—锁定、解锁、删除

（六）偏移

命令描述：选中一个线性图元（线、墙、梁）使其复制或移动到指定位置，如图2-5-6所示。

操作方式：单击"偏移"命令，在选项栏设置偏移数值，再将光标放置到线性图元附近，光标在线性图元的哪一侧，哪一侧对应位置就会出现蓝色虚线（成功后图元出现的位置），确定方向和位置后单击鼠标左键，完成偏移。

注意：无法对面、独立类图元产生作用（如实体楼板或柱子）。

图 2-5-6　修改面板—偏移

（七）旋转

命令描述：使图元围绕指定的原点（默认为图元中心）处旋转，如图 2-5-7 所示。

操作方式：选择要旋转的图元，单击"旋转"命令，此时旋转中心默认为该图元的正中心，然后在图元的一个方向单击鼠标左键，定义旋转初始线，移动光标，光标相对于初始线在哪个方向则图元向哪个方向旋转，光标与初始线的相对角度则是图元旋转的角度，可直接单击"确定"，方向和角度完成旋转，也可以移动光标，确定角度后直接输入数值，按 Enter 键完成旋转。

注意：相连的图元会互相限制（如两条相交的墙），其无法正常旋转。可勾选选项栏中"复制"，复制一个新的图元。按空格键可取消原点，移动光标到想要的位置，再单击鼠标左键重设原点。

图 2-5-7　修改面板—旋转

（八）拆分

命令描述：对一个线性图元（线、墙、梁）进行打断，如图 2-5-8 所示。

操作方式：单击"拆分"命令，然后放置光标到图元上（线、墙、梁），单击鼠标左键，可将其拆分为两段。

注意：无法对面、独立类图元产生作用（如实体楼板或柱子）。拆分完成的图元看上去还是一体，需要拖拽端点离开原处才可以看出。拖拽时，如果离原来位置太近容易使线性图元再次合为一体连接在一起。

勾选选项栏中"删除内部线段"时，连续在一个图元上两处不同位置单击切断时，两处切断位置之间的部分会被删除。

图 2-5-8 修改面板—拆分

（九）用间隙拆分

命令描述：打断墙体，拆出指定间距，如图 2-5-9 所示。

操作方式：单击"间隙拆分"命令，在选项栏处设置拆分间距（1.6～304.8mm），然后直接单击墙体。

注意：仅能对墙使用。

图 2-5-9 修改面板—用间隙拆分

（十）阵列

命令描述：对选中的图元通过线性（直线方向）和半径（环绕方向）可创建出大量重复的图元，如图 2-5-10 所示。

操作方式：

（1）直线方向阵列：单击选择需要阵列的实体，然后单击"阵列"命令，在选项栏中设置阵列数量（项目数），选择阵列方式（第二个或最后一个），单击阵列图元某处选择阵列基点，移动光标选择阵列方向和距离，然后单击左键确定阵列方向和距离（此为手动选择方向，也可以直接输入阵列距离后按回车键，单位为 mm）。

环绕方向阵列：单击选择需要阵列的实体，然后单击"阵列"命令，在选项栏中单击"半径"阵列按钮（勾选"成组并关联"框左侧），再设定项目数和阵列方式，单击视图上图元附近某处为旋转阵列起始线，移动光标确定旋转阵列的方向和角度，再单击鼠标左键将方向和角度确定。

注意：直线方向阵列类似于设定间距直接创建多个实体的复制命令，操作方式类似。环绕方向阵列类似于设定角度直接创建多个实体的旋转命令，操作方式类似。"第二个"和"最后一个"的区别在于：前者是设置第一个和第二个的距离，后面每个新创建的实体之间的间距，根据第一个和第二个的距离重复创建；后者是设置第一个和最后一个的距离，之后每个新创建的实体均分第一个和最后一个实体之间的距离。

图 2-5-10 修改面板—阵列

（十一）缩放

命令描述：可以对选中的图元（一般是线或者是导入的 DWG 二维图纸文件）缩小或放大，如图 2-5-11 所示。

操作方式：先选中需要缩放的图元，然后单击"缩放"命令，在选项栏中选择缩放模式，图形模式下，操作内容类似于"移动/复制"，先点基点再点位置，两个点之间的距离是图形缩小（第二点点在图形内）/放大（第二点点在图形外）的距离，数值模式下，可直接设定缩放倍数，然后单击图形某处作为缩放基点，完成缩放。

注意：实体图形不能用缩放直接改变构件大小（如柱尺寸、实体楼板厚度与范围、门窗大小等）。

图 2-5-11 修改面板—缩放

 第四天

扫码获取作业解析

如果青春的时光在闲散中度过，那么回忆岁月将是一场凄凉的悲剧。

今日作业

简答题：

1. 什么是项目参数？项目参数可以对某特定的构件添加特定参数吗？

2. 项目材质和材质库中材质的区别是什么？材质编辑器中"图形"下内容的更改会在哪个视图设置下正常显示？

3. 一般情况下，文字注释用于哪些方面？对于文字注释，需要重点控制的属性有哪些？

4. 尺寸标注命令共有几项？可编辑类型中有几项？为什么？

第三章　机电项目样板设置

 **思维导图**

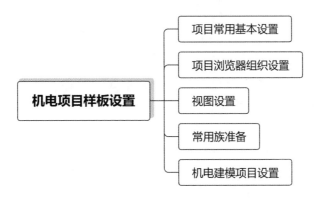

项目样板为项目建模提供统一的建模基础环境，对项目建模的质量与效率有着直接影响。项目样板设置内容较多，主要包含项目参数、材质设置、文字和尺寸注释、项目浏览器组织、视图设置等。

（1）项目参数可为整体项目文件添加可用可控制的参数，为视图设置、构件统计提供方便。

（2）材质设置可解决在项目使用需求提前设置时多人建模产生的材质不统一、冲突等问题。

（3）文字和尺寸注释为后期制作图纸提供了不可或缺的内容，需要读者了解。

（4）项目浏览器组织是对项目浏览器中视图的分组和排序，优化的视图分组和排序可以增加建模效率。

（5）视图是观察和制作模型的窗口，在使用视图时，其内容的显示、隐藏会对模型制作产生巨大影响。

下面以通用项目样板设置为例，用以 Revit 2020 自带的系统样板（Systems-DefaultCHSCHS. rte）为基础进行设置操作。

（1）单击初始界面中"模型"分组下"新建"选项，在弹出的"新建项目"对话框中单击"新建"分组下"项目样板"选项，然后单击"浏览"按钮，在"选择样板"对话框中选中"Systems-DefaultCHSCHS"（系统样板文件）后单击"打开"按钮，完成已有样板文件的选择，最后单击"新建项目"对话框内"确定"按钮，完成确认操作。过程如图 3-0-1 所示。

图 3-0-1　选择基础样板

（2）单击"文件"选项卡中"保存"选项（Ctrl＋S），在弹出的"另存为"对话框内（第一次保存时出现，后续再保存就会自动覆盖此次保存的内容）输入文件名为"XZJY-机电项目样板文件"，然后单击"选项"按钮，在弹出的"文件保存选项"对话框中设置"最大备份数"为"1"（目的是使每次留存的备份不会越积越多），勾选"如果视图/图纸不是最新的则将重生成"（目的是每次保存后，当文件以图标形式展示时，能够看到最新进度），然后单击"确定"，完成保存选项设置。再单击"确定"即可制作新样板文件，保存位置可以自定（为防止断电、软件崩溃等意外情况发生，建议随做随存）。过程如图 3-0-2 所示。

图 3-0-2　保存样板文件

第一节　项目常用基本设置

一、章节概述

本节主要阐述如何进行建模前期项目基本信息设置，通过本节内容的学习，需要重点掌握如何设置、添加项目所需要的可控参数及材质的基本信息，熟悉相关操作。具体学习内容及目标见表 3-1-1。

表 3-1-1 学习内容及目标

序号	模块体系	内容及目标
1	业务拓展	项目建模需要使用到一些参数以及材质设置，为后期建模、出图工作做铺垫
2	任务目标	(1) 添加项目参数 (2) 添加项目中材质 (3) 理解文字注释设置内容 (4) 了解尺寸标注设置内容
3	技能目标	(1) 掌握如何添加和设置项目参数的方法 (2) 掌握如何添加和设置项目中材质的方法 (3) 掌握如何根据项目需求设置文字注释 (4) 掌握如何根据项目需求设置尺寸标注

二、任务实施

(一) 项目参数

1. 创建项目参数

项目参数可在项目环境中对所有构件按类别添加指定参数，并被软件的明细表功能统计到，但只能存在于当前项目环境中。

单击"管理"选项卡下"设置"面板中"项目参数"命令，在弹出的"项目参数"对话框中可以直接"添加"参数，也可以在左侧"可用于此项目图元的参数（P）"列中选中参数后对参数进行"修改"和"删除"，如图 3-1-1 所示。

图 3-1-1 项目参数对话框

2. 添加项目参数

单击"项目参数"对话框中"添加"按钮，在弹出的对话框左侧"参数数据"分组中设定参数"名称""参数类型"以及"参数分组方式"。"规程"通常不用设置，一般情况下"公共"已足够使用。然后在右侧"类别"分组中，寻找"视图"类别，并将其勾选。设置结果如图 3-1-2 所示，完成后单击"确定"即可。

参照以上步骤，继续添加名称为"视图专业"的参数，其余设置与"视图用途"一致。设置完成后，单击"参数属性"和"项目参数"对话框中的"确定"完成设置即可。

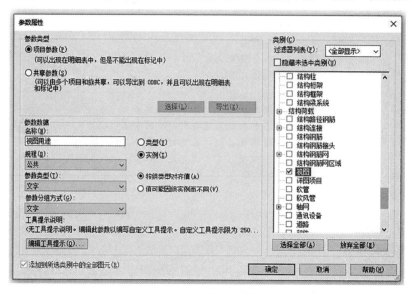

图 3-1-2　制作项目参数

备注："参数类型"分组一般不做设置，默认为"项目参数"即可。右侧"类别"分组中"过滤器列表"一般全部勾选，避免有部分参数类别信息不可见。但是为了方便起见，当设定的参数均为非土建相关参数时，可取消勾选"建筑"和"结构"，如图 3-1-3所示。

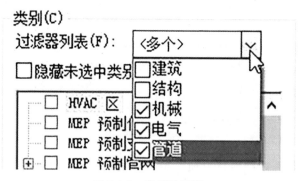

图 3-1-3　类别过滤器

（二）材质设置

1. 认识材质界面

材质设置可以控制模型图元在视图和渲染图像中的显示方式。创建新材质的方法有两种，一种是创建新的材质，另一种是复制现有的类似材质。建议尽量使用第二种方法创建新材质，再按需编辑名称和其他属性，这样一些相同的属性特征可以保留或微调。如果没有可用的类似材质，再创建新的材质。

在样板文件中可根据项目的实际需求设置好材质库以方便调用。

（1）单击"管理"选项卡下"设置"面板中的"材质"命令，如图 3-1-4 所示，此时弹出"材质浏览器"对话框，其中材质库和材质编辑器需要单击弹出按钮才可以显示，如图 3-1-5 所示。

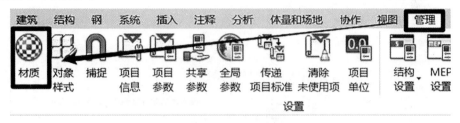

图 3-1-4 管理材质

图 3-1-5 缩略材质面板说明

（2）搜索框输入内容后可以搜索"当前项目可用材质列表"和"材质库"中所有符合搜索条件的材质，其中"项目材质"可以在之后建模过程中单击使用，但是"材质库"中材质在选中后单击"↑"将材质添加到"项目材质"中才可以使用，添加完成后，材质编辑器中材质的内容才可以编辑。搜索完成后，材质添加提示和材质浏览器全面展开后样式如图 3-1-6 所示。

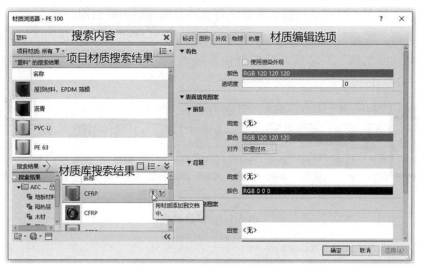

图 3-1-6　展开材质面板说明

2. 创建材质

创建材质有两种方式：一是直接通过命令制作没有材料信息的新材料，然后通过储备的材料信息直接覆盖到新材料中；二是直接根据已有材料复制出新材料，新材料与原材料基本信息一致，只需更改名称和材料信息即可。

（1）创建。

①单击"创建并复制材质"按钮（左下角的球形图标），然后选择"新建材质"选项。此时在当前项目可用材质列表中会出现名称为"默认为新材质"的材质，将鼠标放置在"默认为新材质"上，单击"右键"选择"重命名"选项更改材质名称（例：紫红色-砌块），如图 3-1-7、图 3-1-8 所示。

图 3-1-7　新建材质

图 3-1-8　重命名材质

②在"资源浏览器"中选择需要的材质图（单击"外观库"，在分类里面查找需要的材质或单击上方"搜索"命令直接搜索材质），单击"替换按钮"，如图 3-1-9 所示，进行设置（单击之前，项目材质内"紫红色-砌块"材质应为被选中状态）。得到如图 3-1-10所示的材质外观效果。

图 3-1-9　展开材质库

图 3-1-10　材质库替换新建材质属性

（2）复制。

在打开的"材质浏览器"中，鼠标放置在原有的材质上，单击右键选择"复制"，将复制出的新材料重命名为"混凝土-现场浇注混凝土-C30"，如图 3-1-11 所示。这样材质外观就不需要替换，可加快工作效率。

图 3-1-11　复制原有材质并重命名

3. 材质的图形设置

材质编辑器中，"图形"标签下属性分为"着色""表面填充图案""截面填充图案"。当构件使用材料时，材料的"着色"能够赋予构件颜色，调整构件在视图中的透明度；"表面填充图案"和"截面填充图案"可以调整构件外表面与内部截面的填充样式（显示材料的图例图案），如图 3-1-12 所示。以楼板为例，可将使用了某材料的楼板颜色设置为蓝色（材料使用操作见本章第五节）。

注意：图形设置仅在视图"显示样式"设置为"着色"模式或"一致的颜色"模式中可见（视图属性设置相关内容见本章第三节相应内容）。

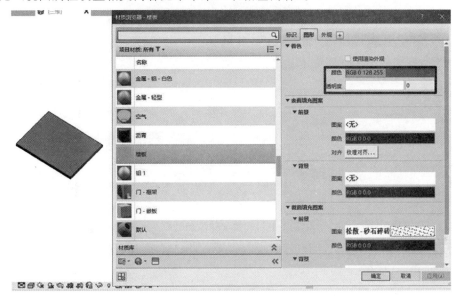

图 3-1-12　材质图形颜色编辑

材质编辑器中，"外观"标签下属性较多，常用并需要注意的是"信息"和"常规"，其是通过"新建材质"按钮创建的材质必有的内容。

（1）"信息"下三个可填写的信息均会被搜索栏抓取，即在材质搜索栏中搜索内容时，"名称""说明""关键字"三个信息内容均会被搜索到而显示在搜索结果中。

（2）"常规"通常用于设定图片，真实的材质本质是一个图片不断重复贴敷在构件表面构成的。此处可以设定材料表面的图片以及图片的"图像褪色"程度、"光泽度"和材质在光线下展示的"高光"是不是"金属"。

例如暖通图纸中，阅读《施工说明》中"管道、风道材料及做法"中"2.风管"得知，所有空调及仅平时用排风管材质为"镀锌钢板"，如图 3-1-13 所示。

打开"材质浏览器"，首先输入关键词"镀锌"，发现"默认材质库"中包含相近材质，选中"钢，镀锌"，单击"将材质添加到文档中"命令，将"材质库"中材质添加到"项目材质"即可直接使用，如图 3-1-14 所示。

2.风管

所有空调及仅平时用排风管均采用镀锌钢板制作，壁厚见 GB 50243—2002（中压系统），所有排风兼排烟的风管采用镀锌钢板制作，壁厚见 GB 50243—2002（高压系统）。

图 3-1-13　案例项目风管材质读取

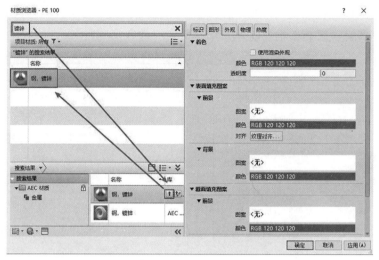

图 3-1-14　搜索并添加材质

　　选中"钢，镀锌"材质，右击选择"复制"，并重命名为"镀锌钢板"，即完成风管所需材质创建，如图 3-1-15 所示。

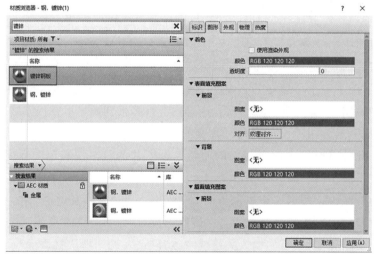

图 3-1-15　重命名材质

（三）文字注释设置

　　说明性的文字可以通过文字注释添加到图形中。文字注释会随视图比例的变化自动调整大小，以确保其在图纸中的字高统一。在将文字注释添加到图形中时，可以控制引线、文字换行和文字格式的显示。通常需要通过文字注释的信息"设计说明""施工说明""标题栏"内的工程信息等了解项目内容。

　　单击"注释"选项卡下"文字"面板中"文字"命令，再单击"属性"选项板中的"编辑类型"按钮，在弹出的对话框中，可见针对文字的"图形"和"文字"样式设置。

　　"图形"中主要设置文字的"颜色"和文本框（容纳显示文字的矩形框）的"线宽"粗细、"背景"是否透明（文本框是否遮盖文字下构件）、文本框是否"显示边框"（文本框线默认隐藏）、"文字字体""文字大小"。

"文字"中主要设置文字的"文字字体""文字大小"和设置文字宽度的"宽度系数"，"粗体""斜体""下划线"三项用于对文字表现的设置，一般不做设置，如图3-1-16所示。

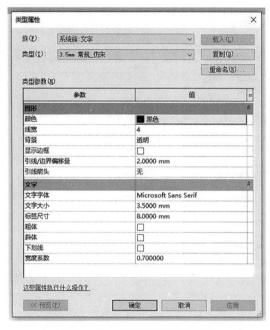

图 3-1-16　文字类型属性面板

（四）尺寸标注设置

尺寸标注在项目中显示测量值，包括对齐标注、线性标注、角度标注、半径标注、直径标注、弧长标注、高程点标注、高程点坐标、高程点坡度共九项标注命令。

单击"注释"选项卡下"尺寸标注"面板下拉列表，可见仅有七项可编辑的标注类型。七项可编辑类型中，"线性尺寸标注类型"属于"对齐""线性""弧长"三个标注命令共用的类型，即此三项标注命令是该类型的不同运用方式。

下面以"线性尺寸标注类型"为例，讲解标注类型编辑。

（1）左键单击"线性尺寸标注类型"，在弹出窗口中可见"图形""文字""其他"三个属性分组。

（2）"图形"分组中一般需要注意的是"记号"（尺寸界线样式）、"尺寸界线控制点"（界线依附在被标注对象上还是固定尺寸）、"尺寸界线长度"（与被标注对象之间的界线固定尺寸长度）、"尺寸界线与图元间隙"（界线端点与被标注对象之间的间距）、"尺寸界线延伸"（标注数字方向的界线固定尺寸长度）几项，其他默认即可，如图3-1-17所示。

（3）"文字"分组中一般需要注意"宽度系数""文字大小""文字偏移""单位格式"四项，其他一般不做处理，如图 3-1-18 所示。

（4）"其他"分组中内容一般不做设置，如图 3-1-19 所示。

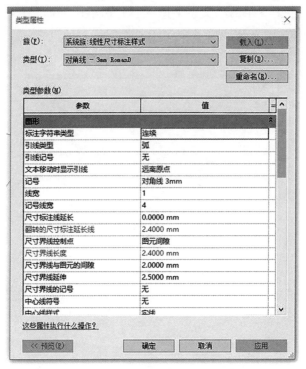

图 3-1-17　尺寸标注面板—"图形"

图 3-1-18　尺寸标注面板—"文字"

图 3-1-19　尺寸标注面板—"其他"

三、操作说明

（1）项目参数的制作可以为不同的构件、图元添加需要的、可以自定义的信息，便于统计和观察添加参数的对象。

（2）通过"复制"创建的新材质，在修改材质中"外观"的颜色时，需要单击右上角"复制此资源"命令才不会影响其他复制的源材质。

（3）文字注释和尺寸标注设置是模型制作完成后，最后出图时的必要准备。

 第五天

大部分人都是在别人荒废的时间里崭露头角。

今日作业

简答题：

1. 项目参数可以为视图浏览器组织添加新的分组方式、排序方式吗？

2. 项目浏览器中的视图分组主要是依据哪个设置完成的分组？哪些设置的更改会引起视图分组的改变？

3. 通常需要修改和注意的视图属性有几个？分别是什么？

4. 哪个视图属性会影响整个类别构件的显示情况？

5. 视图范围属性是对哪个类型视图的观察范围的限制？具体限制方法是？

6. 在管理视图样板时，如果某视图样板的属性后的"包含"被取消勾选，会有什么效果？

7. 通过哪个设置可以将现有视图（非样板）的属性作为样板应用到其他视图上？

8. 视图过滤器的设置是针对构件的类型还是类别设置的过滤条件？过滤条件的设置范围是什么？

第二节　项目浏览器组织设置

一、章节概述

本节主要阐述如何设置项目浏览器组织，通过本节内容的学习，重点掌握项目浏览器组织相关设置及视图分组归类，熟悉相关操作。具体学习内容及目标见表3-2-1。

表 3-2-1　学习内容及目标

序号	模块体系	内容及目标
1	业务拓展	合适的项目浏览器组织可使项目浏览器看起来更为简洁，创建项目过程中使用起来更加方便
2	任务目标	（1）完成视图浏览器组织方案的设置 （2）完成视图分组归类
3	技能目标	（1）掌握如何设置视图浏览器组织方案 （2）掌握如何对视图分组归类

二、任务实施

使用浏览器组织工具可以对视图、图纸、明细表进行编组和排序。项目浏览器默认显示所有视图（按视图类型）、所有图纸（分别按图纸编号、图纸名称和视图名称）。浏览器组织方式并不是唯一的，需要根据项目需求进行设置。

考虑到项目出图的需求，将项目浏览器中视图以"模型"和"出图"两类进行分组。下面介绍具体操作方法。

（一）添加视图浏览器组织方案

鼠标右击选中项目浏览器中的"视图（规程）"中的"浏览器组织（B）…"，弹出"浏览器组织"对话框。在"浏览器组织"对话框内选择"新建"按钮，并命名为"XZJY-视图-作用"（一般情况下，此处名称命名方式为"项目-视图组织方案"或"公司-视图组织方案"）。在"浏览器组织属性"对话框内，单击"成组和排序"分页，然后参考图3-2-1在相应"成组条件"和"视图排序"后下拉列表内选择对应参数进行设置，结果如图3-2-1所示。首先使视图浏览器按照"视图用途"成组，再按"视图专业"成组，然后按照"类型"成组。排序方式为"相关标高"，"升序"。最后单击"确定"，返回"浏览器组织"对话框。

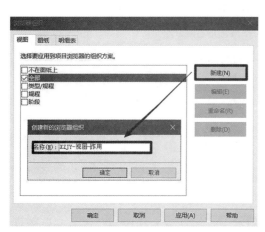

图 3-2-1　新建并调整浏览器组织

（二）视图分组归类

在"项目浏览器"中单击问号前的加号，以展开分组，持续展开分组到显示视图名称为止。单击选择"三维视图：{3D}"名称，在"属性"选项板中找到"视图用途""视图专业"参数，分别输入文字为"建模""通风"。然后，在"属性"选项板中找到"视图名称"参数，将其修改为"通风"，修改内容后如图 3-2-2 所示。鼠标移出"属性"选项板后，可见"项目浏览器"中该视图将独立到新分组"建模"下"通风"子分组内。

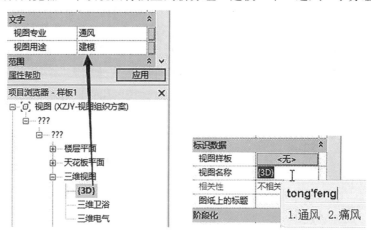

图 3-2-2　调整 3D 视图属性

对于其他专业的视图，可参考以上步骤，调整视图分组和名称，最终做出用于建模的各专业视图分组，包括"给排水""消防喷淋""采暖""电气""通风"和分组中对应的平、立、三维视图。当分组较多而视图不足时，可以复制视图来解决问题。

以平面视图为例：单击打开"楼层平面"视图分组，右击选择"1-卫浴"视图，在右键菜单中选择"复制视图"选项分组中"复制"选项，即可复制出"1-卫浴 副本 1"，再选中该视图，在"属性"选项板中将其"视图用途""视图专业""视图名称"参数修改为"建模""采暖""1-采暖"，如图 3-2-3 所示。

图 3-2-3　视图属性修改

对于其他专业的修改可参照以上操作步骤，部分不需要的视图可删除（如天花板视图）。修改完成后如图 3-2-4 所示。

为了便于同时查看所建立的专业模型，可再复制一次三维视图，并将"视图用途""视图专业""视图名称"参数修改为"建模""协调"和"综合"，如图 3-2-5 所示。

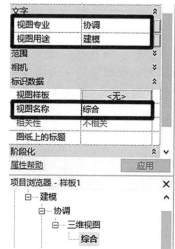

图 3-2-4　视图分组结果　　　　图 3-2-5　视图属性修改成果

三、操作说明

（1）掌握如何设置视图浏览器组织方案。

（2）掌握如何对视图分组归类。在默认参数不满足的情况下，可以选择为视图添加参数，例如添加"专业""子规程"等参数，为视图分组归类创造条件。

第三节　视图设置

一、章节概述

本节主要阐述如何设置视图属性及运用视图样板，通过本节内容的学习，重点需要掌握视图相关属性及视图样板的创建与运用，熟悉相关操作。具体学习内容及目标见表 3-3-1。

表 3-3-1　学习内容及目标

序号	模块体系	内容及目标
1	业务拓展	每个视图属性都需要单独设置，通过运用视图样板可以快速设置相同属性的视图
2	任务目标	（1）了解视图相关属性 （2）完成视图样板的创建与运用 （3）完成视图样板的设置
3	技能目标	（1）了解视图相关属性 （2）掌握如何创建与运用视图样板 （3）掌握如何设置视图样板

二、任务实施

了解视图相关设置相当重要，因为视图是观察构件、制作构件的操作窗口，也是制作施工图、展示设计意图的展示窗口。

（一）视图属性介绍

常用的视图属性有"可见性/图形替换""规程""视图范围""视图样板""视图名称"，如图 3-3-1 所示。

图 3-3-1 常用的视图属性

（1）"可见性/图形替换"视图属性可通过单击"编辑"按钮，或在对应视图中使用键盘快捷键"VV"修改其属性。该属性中可按类别（大类别如实体构件和二维文字、线条等，小类别如实体构件下风管、管件、机械设备等类别）设置不同图元的可见性（勾选或不勾选对应显示或隐藏）和表面、截面的填充图案等内容，如图 3-3-2 所示。

（2）"规程"视图属性是默认的预设视图专业属性，其中共有五种分类和一种综合分类，每一类对应一个专业，如"机械"对应通风系统，"电气"对应强弱电及照明系统，"卫浴"对应给排水、消防喷淋等系统，而"协调"是所有专业的集合。规程属性对构件的显示会有一定影响，例如"机械"规程下，建筑墙体将灰色显示等。可根据需求选择不同专业方向，如图 3-3-3 所示。

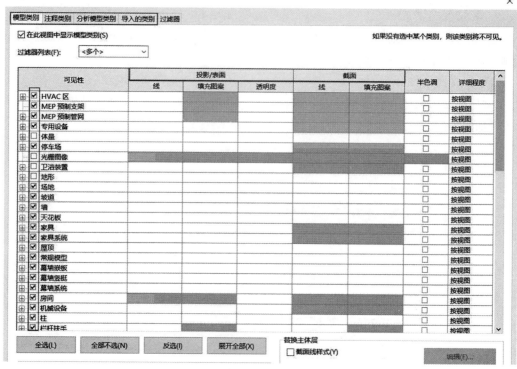

图 3-3-2　视图可见性面板

图 3-3-3　视图规程属性

（3）"视图范围"视图属性是只有平面视图才有的属性，其他如三维、立面等视图均没有这一属性。其用处在于定义当前楼层视图的可见高度，如图 3-3-4 所示。

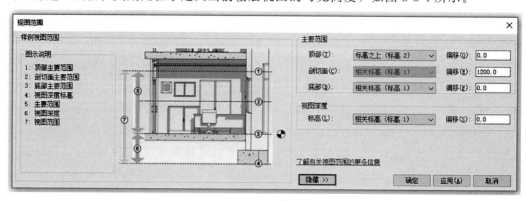

图 3-3-4　视图范围面板

以示意图 3-3-5 为例，假设将一个房间做一个剖面去观察当前视图中内容，其主要查看范围为顶部到底部的高度范围（1号线到3号线之间的5号双向箭头范围内），如果有构件高于此范围，在当前视图中则看不见（如图3-3-5所示，在当前视图中就不能看到顶部天花板和顶部楼板）。

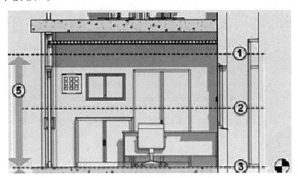

图 3-3-5　视图观测主要范围

视图底部到视图深度高度（3号线到4号线之间的6号双向箭头范围内）是当前视图可查看的额外范围，等于底部深度额外向下一段指定高度，此高度范围内可查看的构件表示方式与剖面线与底部线范围内一致，如图3-3-6所示。

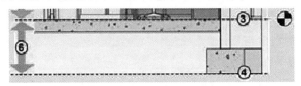

图 3-3-6　视图观测深度

最终平面视图可查看高度范围是视图顶部到视图深度这一高度（1号线到4号线的7号双向箭头范围），如图3-3-7所示。

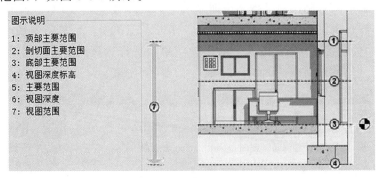

图 3-3-7　视图观测区域

此处参数的调整是以当前层底标高为高度基准，再调整1号线、2号线、3号线、4号线的高度从而设置高度范围，正值则以高度基准向上调整，负值则以高度基准向下调整，其中剖切面线高度（2号线高度）不得高于或低于"顶部"（1号线）或"底部"（3号线），视图深度高度（4号线）不得高于"底部"（3号线）。如图3-3-8所示，查看范围为自"F1"（层底标高）到"F2"（层顶标高），剖切线位于"F1"上1200mm处，可额外查看"F1"向下500mm范围。

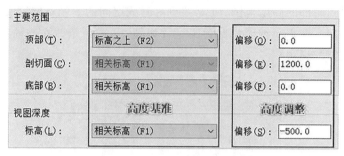

图 3-3-8 视图观察范围设置

（4）"视图样板"视图属性用于使用预设的视图属性模板，视图模板中可预设视图的所有实例属性设置（属性选项板中可直接调整的视图属性），设置后，模板中属性设置将会覆盖当前视图属性。

（5）"视图名称"视图属性用于设置当前视图的名称，此处设置完成后，项目浏览器中视图名称将会同步更改，一般建议视图名称内容应与对应标高有所联系（可缩写、简写，但不能没有）。

注意：机电设备相关管道设备等内容较为特殊，只要处于可观察范围，构件不论在剖切线上或剖切线下，均会正常显示。

（二）视图样板的创建与应用

1. 创建视图样板

视图样板是可预设的视图属性模板，能快速为需要的视图批量设置属性内容。制作视图样板的方式有两种，即使用"从当前视图创建样板"命令，以当前视图属性设置内容为基准，快速制作一个新样板，或者通过"管理视图样板"命令复制现有的视图样板，再调整属性的方式制作新样板。下面介绍"从当前视图创建样板"的操作方式。

（1）双击项目浏览器中"1-卫浴"视图名称进入视图中，再单击"视图"选项卡下"图形"面板中的"视图样板"命令，在下拉菜单中选择"从当前视图创建样板"命令，创建并命名为"给排水平面"，如图 3-3-9、图 3-3-10 所示。

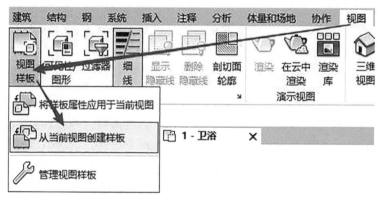

图 3-3-9 以当前视图属性制作视图样板

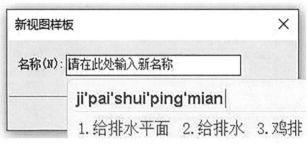

图 3-3-10 新视图样板命名

（2）完成命名后，即弹出"视图样板"的设置界面，该界面左侧可以设定视图样板的过滤条件，完成后，"名称"分组下将根据过滤筛选条件显示已创建完成的视图样板名称，并可以对显示的视图样板进行"复制""重命名""删除"操作，右侧"视图属性"分组将显示所选视图样板的可修改属性，如图 3-3-11 所示。

图 3-3-11 视图样板设置界面

（3）"视图属性"分组中，"参数"列为属性名称，"值"列为可编辑内容，如果某属性勾选了"包含"，则可将该样板属性作为标准应用到使用该视图样板的视图上。对于未勾选"包含"的属性，不需要设定相关属性，即使将该样板覆盖到视图上，也不会更改被覆盖视图的对应属性。

"视图属性"中较特殊的是"V/G 替换……"项，例如"V/G 替换模型"一项，为视图属性中"可见性/图形替换"的"模型"类别的可见性设置，而其他"V/G 替换注释""V/G 替换分析模型"等则对应"可见性/图形替换"的"注释""分析"等类别的可见性设置，如图 3-3-12、图 3-3-13 所示。

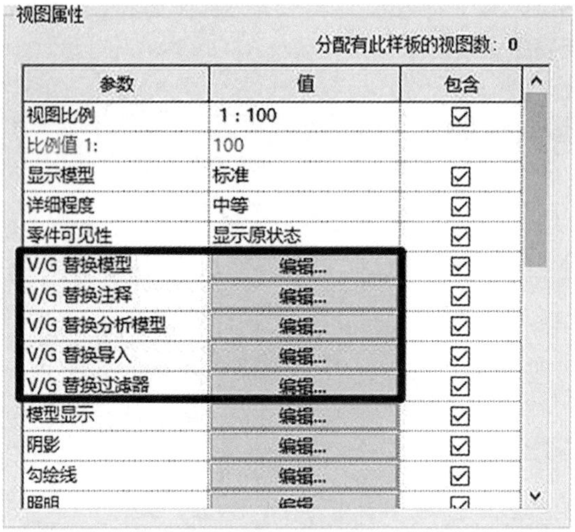

图 3-3-12　五个视图可见性设置

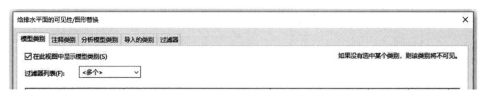

图 3-3-13　可见性面板对应区域

其他视图属性可以根据项目需求和个人习惯进行设定，在此不再赘述。原则上掌握设置方法和原理即可。设定完成后，单击"确定"按钮退出（此处的"确定"并非选择某样板以使用，仅表示完成样板编辑）。

2. 管理视图样板

（1）单击"视图"选项卡中"视图样板"处箭头，在下拉菜单中选择"管理视图样板"，如图 3-3-14 所示。

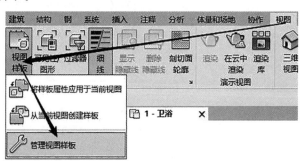

图 3-3-14　管理视图样板

（2）单击后进入"视图样板"设置界面，此界面与创建视图样板的界面设置相同，设定编辑方法同前，不再赘述。

3. 将样板属性应用于当前视图

（1）在需要设置的平面视图中，单击"视图"选项卡下"图形"面板中"视图样板"命令，在下拉列表中选择"将样板属性应用于当前视图"选项。

（2）在弹出面板中设置好过滤方式，即可选择一个已有样板中视图属性覆盖当前视图的视图属性。当前界面与前述界面有一处不同，即如果勾选"显示视图"选项，那么符合过滤条件的视图名称也会在列表中显示，其属性也可同其他视图样板一样进行编辑（但是仍不是样板，只是作为可选项），可以此作为样板应用到当前视图中。设置完成后，单击"应用"按钮，即可将选择样板的视图属性应用到当前所在视图，最后单击"确定"按钮退出，如图 3-3-15 所示。

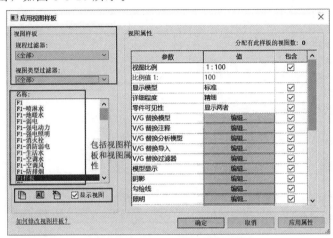

图 3-3-15　视图样板管理

4. 指定视图样板

在左侧楼层平面视图的"属性"选项板中可以单独设置视图样板，作为当前视图的视图属性进行应用。此处应用已在前一节有所描述，但是"指定视图样板"方法（设定视图属性中"视图样板"属性）和"将样板属性应用于当前视图"命令存在如下区别：

"指定视图样板"方法是指将已有的视图样板作为当前视图的属性设置，按照样板属性进行视图内容的显示控制，设定后无法再对当前视图属性进行修改，仅能跟随样板属性设置结果进行显示，除非修改样板的视图属性，否则当前视图属性则无法变动。

"将样板属性应用于当前视图"命令是将已有的视图样板属性复制到当前视图，按照复制过来的视图属性进行显示，设置完成后仍可灵活修改当前视图的各项视图属性的参数。

如果需要对多个视图同时覆盖某一视图样板，可在项目浏览器中，按 Ctrl 键单击每一个需要设置样板的视图名称，然后对任意所选名称右键，在弹出的菜单中选择"应用视图样板（T）…"选项，其效果与"将样板属性应用于当前视图"命令相同，也可以在选择完成后，于"属性"选项板中找到"视图样板"属性，直接设置样板。

（三）视图样板的设置

1. 设置内容分析

参照当前项目，需要建立的模型有：送风系统、回风系统、排风系统、排烟系统、新风系统、喷淋系统、给水系统、消防系统、污水系统、废水系统、雨水系统、通气系统、电力系统、照明系统、非消防电缆线槽、消防电缆线槽、弱电线槽。

下面，我们以给排水系统为例设置视图样板。

单击"管理视图样板"命令，在弹出对话框内先单击"名称"分组中"给排水"视图样板名称，然后设置右侧"视图属性"中"规程"为"机械"，"子规程"为"给排水"，如图 3-3-16 所示。

其他系统内容参照以上内容，将规程属性、视图专业属性根据需要进行修改，修改结果如图 3-3-17、图 3-3-18 所示。

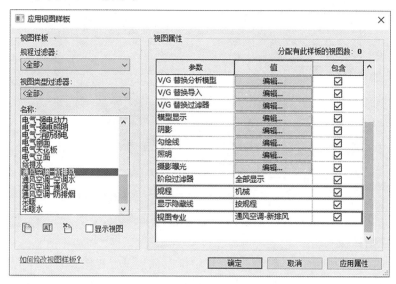

图 3-3-16　视图样板修改属性

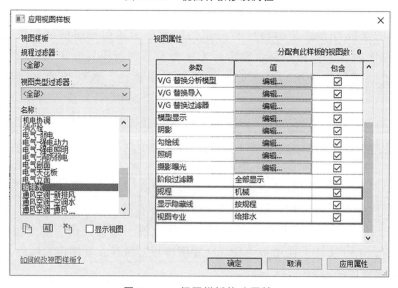

图 3-3-17　视图样板修改属性

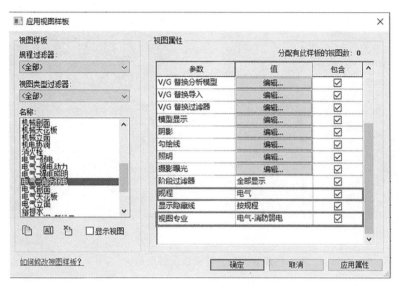

图 3-3-18　视图样板修改属性

注意："可见性/图形替换"中内容需要重点设置，其中"模型类别"和"过滤器"方便后期建模和出图设置，设置方法见下部分内容。

2. 模型类别可见性设置

以"给排水平面图"样板为例，在"视图样板"对话框内单击"名称"分组下"给排水平面"样板名称，再单击右侧"视图属性"分组下"V/G 替换模型"后"编辑"按钮，在弹出对话框内设置左上角"过滤器列表"内容为全部勾选，如图 3-3-19所示。

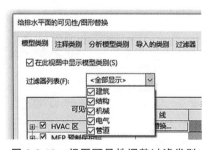

图 3-3-19　视图可见性调整过滤类别

然后单击左侧下方"全选"按钮，再在中间列表内选择被勾选内容，将其取消勾选（任意选一个即可），所有被选中的类别将会被同步取消勾选，如图 3-3-20 所示。取消勾选"过滤器列表"中除"管道"类别以外的专业类别，然后单击"全选"按钮并在中间列表中任选一项将其勾选，此时被勾选状态将同步到所有"管道"类别中，如图 3-3-21所示。

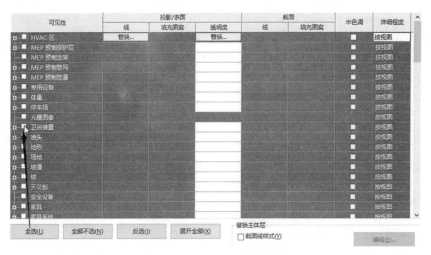

图 3-3-20　可见性全部取消

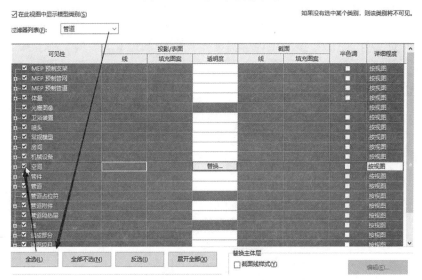

图 3-3-21　过滤并勾选需要的可见性

设置完成后，非"管道"相关模型在应用了此样板的视图中将无法显示，但是仍然无法分辨出"给排水"管道和"消防"管道以及"喷淋"管道，这就需要应用到下一部分所讲内容。

（四）过滤器设置

1. 添加过滤器

在任意视图中，通过"VV"快捷键即可进入当前视图的"可见性/图形替换"窗口中，单击进入"过滤器"标签中的"添加"按钮，在弹出的"添加过滤器"对话框中即可添加默认相关系统的过滤器，需要注意的是，已添加的过滤器不会显示在列表中。过程如图 3-3-22 所示。

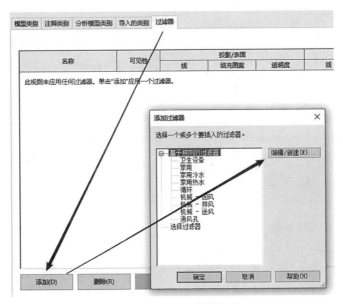

图 3-3-22　可见性过滤器添加

2. 编辑/新建过滤器

默认的过滤器设置不能满足使用需求，因此还需要进行进一步编辑。在"添加过滤器"对话框中，单击"编辑/新建"按钮，进入过滤器设定窗口，如图 3-3-23 所示。

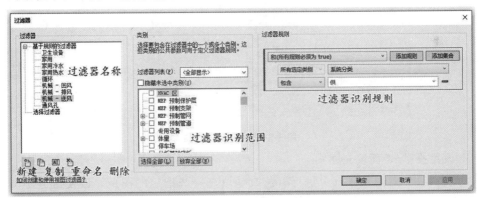

图 3-3-23　可见性过滤器设置

（1）新建过滤器的名称。

单击左下角"新建"按钮可以新建一个过滤器，或者单击"复制"命令，复制现有的过滤器，并使用"重命名"命令修改名称为"通风-回风"，同时可以使用"删除"命令将现有的过滤器删除（相关命令位于"名称"下方由左向右排列第二个）。

（2）设置过滤器类别。

可以通过选择"过滤器列表"来甄选不同专业的过滤器类别，也可以选择全部。本次以通风系统为例展示，因此选择"机械"专业，并在类别选择列表中（识别范围）选择需要添加过滤器的构件类别，此处选择"风管""风管管件""风管附件""风道末端"。

（3）设置过滤器规则。

可以在"所有选定类别"处选择在上一步所选构件类别的共有参数，并设置过滤器规则。此处设置分别为"系统类型""等于""回风"，单击"确定"，完成"回风管"的设置，如图3-3-24所示。

图3-3-24 可见性过滤规则

（4）添加新建的过滤器。

在可见性对话框中，单击"添加"按钮，在弹出的"添加过滤器"对话框中选择新建的"通风-回风"过滤器，然后单击"确定"按钮即可添加新建的过滤器。如图3-3-25所示。

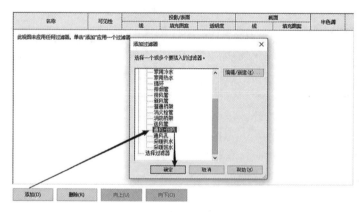

图3-3-25 添加过滤器

3. 设置投影/表面填充图案

"填充图案"是对风管部分进行填色或是填充一些指定的图例，以便区分不同系统构件，其中包含"线"和"填充图案"的设置，"线"指构件的边线，"填充图案"则指构件的表面。添加过滤器后，设置"投影/表面"的填充图案，其位置如图3-3-26所示。

图3-3-26 替换过滤器对应构件表面填充

4. 根据配色表设置颜色

（1）设置过滤器。添加过滤器完成后，可更改构件的表现方式，其中应用较多的是"可见性"列和"投影/表面"总列中"填充图案"列。"可见性"的勾选表示符合该过滤器识别条件的构件均可见，反之则不可见。"填充图案"的设置可以对构件的表面做出颜色、图例的填充以表示与其他构件的不同。

　　不同过滤器中如果有同时符合两个及以上过滤器条件的构件，"可见性"的显隐以"隐藏"为优先（若同时被两个过滤器识别，一个勾选可见，一个取消勾选，则以隐藏为准）；"填充图案"的设置以排序优先（哪个过滤器靠顶，则按照哪个颜色显示）。设置投影/表面的填充图案，如图 3-3-27 所示。

图 3-3-27　过滤器可见性与表面填充

　　（2）"填充图案"一般根据配色表设置颜色。根据提供的配色表文件（如图 3-3-28 所示）中内容，建议输入 RGB 色号进行精确配色。

> 机电BIM建模配套资料 > 05-机电项目案例-配色表

	修改日期
系统配色方案.xlsx	2019/8/18 13:1

图 3-3-28　填充配色表

　　（3）单击"填充图案"下的"替换…"按钮，在弹出的"填充样式图形"对话框中，根据提供的配色表输入 RGB 色号进行配色，并设置"填充图案"为"实体填充"。如图 3-3-29 所示。

图 3-3-29　填充设置

　　（4）完成本项目通风系统的过滤器配色后，可通过视图样板的批量设置方式将过滤器设置复制到其他视图（视图样板设置中"过滤器"的设置为"V/G 替换过滤器"）。

三、操作说明

　　（1）了解视图相关属性。

　　（2）掌握如何创建与运用视图样板。

　　（3）掌握如何设置视图样板。

　　（4）相同类型项目可以通过"管理"选项卡下"传递项目标准"命令将视图样板传

递到新的项目中进行使用。

（5）过滤器的填充图案选择一般为实体填充，同时注意不要让不同过滤器的过滤条件范围有重叠（例如搜索条件均为系统类型-通风，条件均包含"通风"两个字），应尽量选择单独具有的参数设置为过滤条件。

（6）采暖、给排水、消防喷淋系统以及电气系统创建过滤器的方式可以参考通风系统创建过滤器中的内容。需要注意，通风系统、采暖、给排水、消防喷淋系统相关内容是以"系统类型"作为过滤条件，而电气系统相关内容则是以"类型名称"作为过滤条件，因为在 Revit 软件中，电气系统相关内容是没有系统类型的。

第六天

落木无边江不尽，此身此日更须忙。

今日作业

　　新建一个以系统样板制作的新项目样板，阅读提供的施工设计说明，从提供的族库中载入需要的族文件，并以"作业项目—族准备.rte"为名保存。

扫码获取作业解析

📅 第七天

█▄█年难留，时易损。

📒 今日作业

以第六天作业成果为基础，阅读提供的相关施工设计说明，建立"风管系统""风管类型""风管隔热层""管道材质""管道类型""管道系统""管道隔热层"和"电缆桥架类型"，然后以"作业项目—项目准备.rte"为名保存。

第四节 常用族准备

一、章节概述

本节主要阐述如何从图纸中提取所需族类别及类型，通过本节内容的学习，重点需要掌握从图纸中提取创建项目所需族的相关信息以及了解怎样找到所需族，熟悉相关操作。具体学习内容及目标见表3-4-1。

表3-4-1 学习内容及目标

序号	模块体系	内容及目标
1	业务拓展	项目的每一个构件都属于族，在创建项目之前将所需族准备完善，可极大地方便模型的创建
2	任务目标	（1）完成从图纸中提取族的相关信息 （2）完成项目所需族的准备
3	技能目标	（1）掌握如何从图纸中提取族的相关信息 （2）掌握怎样找到所需族并将其载入到项目样板中

二、任务实施

一般情况下，默认的样板文件无法满足项目建模过程中的需求，因此我们需要准备好相关族，为建模做准备。下面介绍如何从相关图纸内查询信息，以及如何将相关族载入到样板中为以后建模做准备。

（一）构件信息搜寻和提取方式

机电项目中，一般需要提前将管道管件（如弯头、三通、四通等）、管道附件（如闸阀、蝶阀、止回阀等）及机械设备（如风机、排风扇、散流器等）载入到项目样板中。

以暖通为例，相关构件在默认样板中准备不全，不足以满足项目需求，需要浏览图纸中暖通设计及施工说明，寻找相关信息，为建模做准备。通常可采取以下方法来获取相关的信息。

（1）查看设计说明。通过阅读《设计说明》中"采暖水系统"的相关内容，如图3-4-1所示，得知不同类型散热器的不同参数以及高程，此时需要将散热器载入到项目样板中。

3. 室内气流组织

采用上送上回的送回风形式　　　，顶部散流风口、散流器送风、单层百叶排风口形式。

（三）采暖水系统：

1）供暖管均按异程式上供中回双管系统设置。

2）大楼采用散热器供暖系统。散热器热负荷为450kw，热水的供回水温度为80/60℃。钢制散热器选用四柱型，散热器高度为670mm，厚度为45mm/片。标准散热量为122W/片(ΔT=64.5℃)，Q=4.83Δt1.30(10片/组)，Δt=(T进+T出)/2−T室温，设计工况下（80/60℃）：

室内设计温度为18℃时，单片散热器的散热量为82.2W/片；

室内设计温度为16℃时，单片散热器的散热量为86.3W/片；

室内设计温度为10℃时，单片散热器的散热量为98.8W/片。

室内设计温度为5℃时，单片散热器的散热量为109.8W/片。

钢制散热器选用四柱形，散热器高度为1800mm，厚度为50mm/片。标准散热量为250.6W/片(ΔT=64.5℃)。Q=13.23Δt1.30 (10片/组)，Δt=(T进+T出)/2−T室温，设计工况下（80/60℃）：

室内设计温度为18℃时，单片散热器的散热量为225.2W/片。

室内设计温度为16℃时，单片散热器的散热量为236.5W/片。

室内设计温度为10℃时，单片散热器的散热量为271.2W/片。

室内设计温度为5℃时，单片散热器的散热量为301.0W/片。

散热器离地100mm高挂装。

3）各并联环路分支管上设平衡阀，各立管设高阻力平衡阀。每组散热器供水支管上安装高阻恒温控制阀。每组散热器均设置手动排气阀。

4）散热器明装。必须暗装时应选择温包外置式恒温控制阀。

5）主管路上设热计量表集中计量。热计量表具有数据存储和远传通讯功能，并应进行检定。

图 3-4-1　项目暖通设计说明

（2）查看施工说明。通过《施工说明》中的"阀门及配件做法"，如图 3-4-2 所示，可知当前项中会使用到的一些管道附件，例如蝶阀、止回阀等。

三. 阀门及配件做法：

1.设备及管道上配用的阀门应根据器系统介质性质、温度、工作压力分别选择手动蝶阀、柱塞阀、球阀、止回阀及闸阀等。阀门的所有部件均应采用防腐材料或有严格防腐措施。空调机房的管径≥50一律采用手动对夹式蝶阀。设于管顶、管道向或架空管道，在不影响操作时，可少用蝶阀，分别采用：闸阀、截止阀或柱塞阀。采暖水系统的普通阀门当管径DN≤40mm时，均采用铜质截止阀；DN>40mm时，采用对夹式蝶阀，采用分集水器应配有注水、放气装置，每个环路应有手动平衡装置。水系统上的所有阀门部件的承压应满足系统工作压力的要求。

2.应严格保证阀门质量标准，并根据实际用户对使用效果的反映，选择生产厂家。阀门不应出现跑气、流、漏等现象。

3.施工选用阀门生产厂家，必须有质量合格证书，其阀门材质、加工工艺必须执行国家标准。

图 3-4-2　项目阀门及配件设计说明

（3）查看图例。通过阅读"暖通空调设备表"可知当前项目可能用到的设备编号及名称，如图 3-4-3 所示。

材料号	设备编号	设备名称	规　格　型　号
01	FAU-1	吊顶式新风机组	新风机组FAU-1, 风量3000m3/h, 机外余压429Pa, 输入功率2kw, 制冷量15.97kw, 制热量24.72KW.
			机组尺寸(长×宽×高)495x368x15, 新风口900x1160x500 机组自身重量18t.
02	ZK	直膨式组合式空调机组	送风量5000m3/h, 余压600Pa, 输入功率8kw, 制冷量25kw, 制热量9kw, 新排风+送风机(变频) + 表冷段(8排) + 加湿段+风机段
			夏季室内设计温度18℃, 机组重量638kg, 机组尺寸3200 x 1210 x 2420(新风阀与回风阀均配电动风阀)(空调机组制冷量−7.6℃ 制热量 −5.2℃)
			直膨室外机	制冷量32.5KW, 制热量37.5KW, 机尺寸1290 x840 x1840, 机外余压300kg, 输入功率13.5kw(空调机组制冷量−7.6℃ 制热量 −5.2℃)
03	PF-1	排风风机	风机AF-S630 风量15201m3/h, 余压216Pa, 功率1.5Kw, 噪音78dB(A), 重量62KG Ws:0.10W/(m3/h)
04	PF-2	排风风机	风机AF-S630 风量15201m3/h, 余压216Pa, 功率1.5Kw, 噪音78dB(A), 重量62KG Ws:0.10W/(m3/h)
05	PF-600	吊顶式排气扇	风量600m3/h, 余压40w, 噪音52dB(A), 重量8.5KG Ws:0.07W/(m3/h)
06	BPF-1200	壁式排风机	风量1200m3/h, 余压90w, 噪音66dB(A), 重量1KG Ws:0.075W/(m3/h)
07	PF-200	吊顶式排气扇	风量200m3/h, 余压6w, 噪音39dB(A), 重量2.4KG Ws:0.03W/(m3/h)
08	PF-500	吊顶式排气扇	风量500m3/h, 余压20w, 噪音45dB(A), 重量5.2KG Ws:0.04W/(m3/h)

图 3-4-3　项目暖通空调设备表

（4）熟读平面图、立面图、系统图以及详图的相关图纸。通过阅读平面图、立面图、系统图以及详图并结合以上三点，可以准确确定项目中使用的族，并载入项目样板中。例如《一层通风、空调平面图》中，F轴、E轴与①轴、③轴相交区域内空调机房中，编号为"ZK"的设备，通过查询"暖通空调设备表"得知此设备为"直膨式组合式空调机组"，如图3-4-4所示。

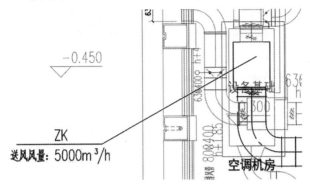

图 3-4-4　项目部分图示意

（二）构件信息搜索总结

根据上述步骤，当前项目中需要载入的族如下。

（1）风管管件包含矩形变径管-角度-法兰、带过渡件的矩形T形三通-单边-底对齐、矩形四通-弧形-法兰、矩形弯头-法兰、矩形活接头。

（2）电缆桥架配件包含槽式电缆桥架垂直等径上弯通、槽式电缆桥架异径接头、槽式电缆桥架活接头、槽式电缆桥架水平三通、槽式电缆桥架水平四通、槽式电缆桥架水平弯通。

（3）风管附件包含70℃电动防火阀、对开多叶调节阀、消声器、电动排烟阀。

管道附件见表3-4-2。

表 3-4-2　管道附件

附件名称	附件名称
Y形过滤器-6-100mm-螺纹式	信号蝶阀
减压阀	多功能阀-角式-40-65mm-螺纹
室内水表	截止阀-J21型-螺纹
截止阀-J41型-法兰式	排气阀-自动-螺纹
末端试水阀	止回阀-H44型-单瓣旋启式-法兰式
水流指示器	清扫口-塑料
温度表	电磁阀-活塞式-螺纹
蝶阀-PD971F型-电动双偏心-对夹式	闸阀-50-300mm
闸阀-Z44型-明杆平行式双闸板-法兰式	闸阀

（4）机电设备包含FAU-1（吊顶式新风机组）、ZK（直膨式组合式空调机组）、散热器、配电箱、散流器等。

默认系统样板中，已经包含有矩形变径管-角度-法兰、带过渡件的矩形 T 形三通-单边-底对齐、矩形四通-弧形-法兰、矩形弯头-法兰、矩形活接头、槽式电缆桥架垂直等径上弯通、槽式电缆桥架异径接头、槽式电缆桥架活接头、槽式电缆桥架水平三通、槽式电缆桥架水平四通、槽式电缆桥架水平弯通等，不需要重复载入。

将族载入到项目样板后，在使用过程中，需要设置不同类型，可以在构件的类型属性中复制出新类型，然后编辑相关参数。若需要未提前载入的族，也可以在使用过程中临时载入。

（三）怎样寻找相关的族

通过以下四种方式寻找相关族库。

（1）软件系统族库。Revit 软件自带一部分族，满足项目的一般建模需求。

（2）插件族库。像红瓦的建模大师、广联达的构件坞，里面有专业建模员上传的族，在这里面可以找到系统族中没有的族。

（3）公司族库。如果公司做过相关 BIM 项目，会积累一部分族。

（4）自己建族。通过以上三个途径仍未找到所需要的族，就需要自己建族。

本书所需族已包含在随书附件中，可使用"插入"中"载入族"命令进行调用，具体操作方法如下：在软件功能区找到"插入"选项卡下"载入族"命令，然后找到下载的机电随书附件文件→第四章→第三节→焊接钢管文件夹内的族，全部选中后（左键框选）单击"确定"载入项目。如图 3-4-5 所示。

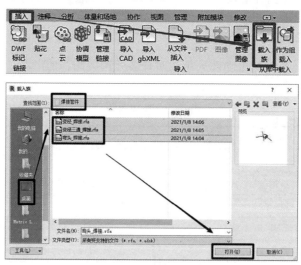

图 3-4-5 载入预备族

（四）其他内容

其他专业如给排水、消防、喷淋等专业所需图纸均为《给排水设计及施工说明》。其中通风专业和电气专业在本项目中所需准备内容默认样板已满足要求，此处不再做额外操作。在其他项目中，一般在《暖通设计说明》和《电气设计说明》中寻找即可。

最终，相关专业所需族如图 3-4-6 所示，参照第三步操作，将其依次选中载入即可。

图 3-4-6 预备族展示

第五节 机电建模项目设置

一、章节概述

本节主要阐述如何设置各专业（通风、给排水、电气）相关内容，通过本节学习，重点需要掌握各专业（通风、给排水、电气）不同的项目设置，熟悉相关操作。具体学习内容及目标见表 3-5-1。

表 3-5-1 学习内容及目标

序号	模块体系	内容及目标
1	业务拓展	对当前项目样板的设置完成后，还需要对机电各专业（通风、给排水、电气）进行针对性的项目设置
2	任务目标	（1）完成通风系统相关项目设置 （2）完成采暖、给排水、消防喷淋系统相关项目设置 （3）完成电气专业相关项目设置
3	技能目标	（1）掌握通风系统相关项目设置 （2）掌握采暖、给排水、消防喷淋系统相关项目设置 （3）掌握电气专业相关项目设置

二、任务实施

（一）通风系统设置

1. 添加风管规格

将常用风管规格（可通过每层平面图风管旁文字注释得知）、材质（可通过《施工说明》中管道、风道材料及做法得知）添加到项目样板，以便后期建模时直接选取使用。

单击"管理"选项卡下"MEP设置"下拉列表中的"机械设置"，如图3-5-1所示。

图 3-5-1　管理机械设置

在弹出的"机械设置"对话框中选取"风管设置"，单击右侧列表中的"矩形"命令，再单击"新建尺寸"，在"风管尺寸"对话框中根据项目需要输入矩形风管尺寸，如输入"120"（此尺寸可用于风管的高度与宽度），如图3-5-2所示。单击"确定"后会在"尺寸"栏显示出"120mm"的风管尺寸，如图3-5-3所示，后期建模时可直接选取。

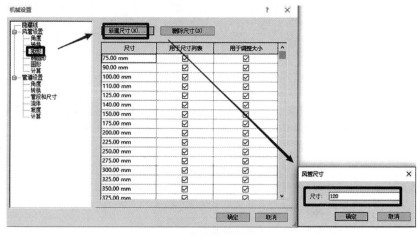

图 3-5-2　设置风管尺寸

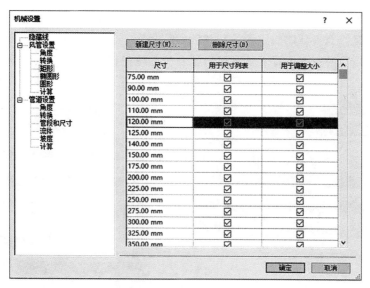

图 3-5-3　风管尺寸设置成果

同理，如需增加风管其他形状（圆形、椭圆形）的尺寸，可在"风管设置"下选择"圆形"或"椭圆形"后单击"新建尺寸"，添加项目所需要的风管尺寸。

风管材质无法在"机械设置"里添加，如果需要可在风管系统中设置。

2. 设置风管类型

（1）增加风管类型，双击项目浏览器下方"族"后的"风管"，可见初始项目样板中"矩形风管"下现有的默认风管类型，为了方便后期建模，需创建常用通风管道类型，如图 3-5-4 所示。

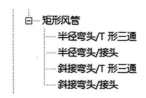

图 3-5-4　默认矩形风管类型

例如，创建新的管道类型"镀锌钢板"，在"半径弯头/T 形三通"位置单击鼠标右键"复制"后再重命名为"镀锌钢板"，如图 3-5-5 所示。

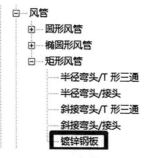

图 3-5-5　复制新建新风管类型

（2）编辑风管类型。

①管件设置。双击新建的风管类型"镀锌钢板"进入"类型属性"编辑界面，在类型为"镀锌钢板"的矩形风管下单击编辑"布管系统配置"，如图3-5-6所示。

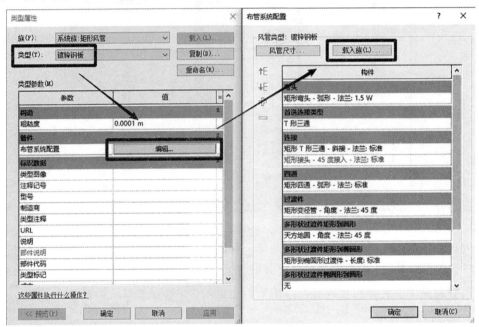

图 3-5-6　编辑布管系统配置

相关管件族类型见表3-5-2。

表 3-5-2　相关管件族类型

管件	管件族	备注
连接	矩形 T 形三通-斜接-法兰	载入到项目备用
	矩形 Y 形三通-弧形-法兰	
	矩形 Y 形三通-弧形	
	矩形 Y 形三通-弯曲-过渡件-底对齐-法兰	

②管件设置技巧。目前在"布管系统配置"对话框中的"首选连接类型"仅有"T形三通"及"接头"两个可选项，如图3-5-7所示。但实际建模布管时，三通连接的"Y形三通"也常用到，只是在"首选连接类型"下方看不到"Y形三通"的构件，此时可单击上方"编辑族"命令，将族的"零件类型"选择为"Y形三通"，如图3-5-8所示，载入到项目后，可在"布管系统配置"对话框中选择。

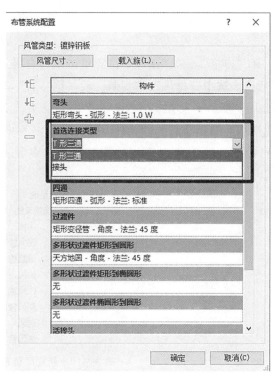

图 3-5-7　默认选项

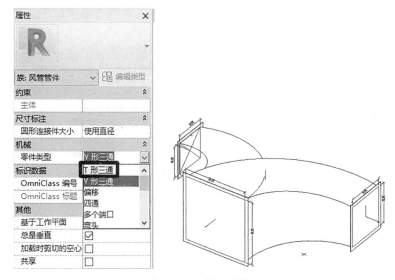

图 3-5-8　修改属性

依次选择其他"布管系统配置"中的管件，单击"确定"即完成风管类型为"镀锌钢板"的设置。按照以上步骤，可以对新建通风专业其他常用"风管类型"进行设置。

3. 设置风管系统

（1）增加风管系统。

双击项目浏览器下方"族"后的"风管系统"，可见初始样板中"风管系统"下有三种风管系统，如图 3-5-9 所示。此时未细分系统，为了后期建模需求，需创建常用的通风风管系统。

例如创建"新风"和"排烟"，在"送风"位置单击鼠标右键，"复制"后再"重命名"为"新风管"，然后右击选中"排风"，"复制"后"重命名"为"排烟管"。

查阅随书案例图纸中《暖通平面图》，具体需要的风管系统为回风、排烟、排风、新风、送风，参照上述操作，制作新的风管系统并重命名，名称中加"管"字即可（一般情况下，默认存在的管道系统不建议直接使用和更改命名及其设置），如图 3-5-10 所示。

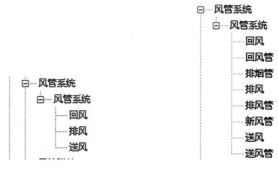

图 3-5-9　默认风管系统　　　图 3-5-10　新建风管系统

（2）设置风管系统材质。

复制出新的风管系统后，需要设置风管系统材质。查阅暖通图纸中《施工说明》得知，排烟管材质为"镀锌钢板"。

在"项目浏览器"找到风管系统中的"排烟管"系统，双击鼠标左键（或单击鼠标右键，选择"类型属性"），在弹出的"类型属性"对话框中将"材质"设置为"镀锌钢板"。如图 3-5-11 所示。

图 3-5-11　新风管系统材质设置

4. 设置风管隔热层

打开项目浏览器内"族"分组下的"风管隔热层"，软件自带隔热层类型为"纤维玻璃"及"酚醛泡沫体"，如图 3-5-12 所示。

图 3-5-12　默认隔热层

目前通风专业管道系统常用的隔热层材料不仅于此，因此复制"风管隔热层"下的"纤维玻璃"，新建管道隔热层类型为"离心玻璃棉"，双击"离心玻璃棉"进入"类型属性"界面编辑隔热层材质，单击"新建材质"重命名为"隔热层-离心玻璃棉"，如图 3-5-13 所示，单击"确定"完成风管隔热层的设置。

根据以上方式，可复制风管隔热层的"酚醛泡沫体"，然后重新命名为"柔性泡沫橡塑"，完成常用通风专业风管隔热层的创建。如图 3-5-14 所示。

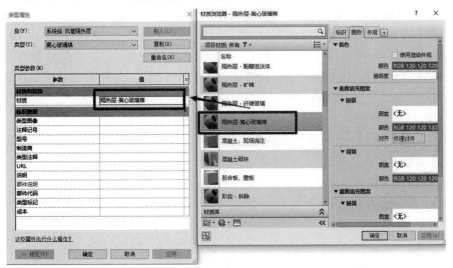

图 3-5-13　新隔热层材质设置

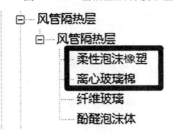

图 3-5-14　新隔热层类型创建

添加隔热层后，可在可见性中控制隔热层是否可见，也可以调整透明度，方便绘图。有时会出现风管可见性未勾选，但是仍能看到风管位置有构件，表示此处有隔热层，并且不可以单独选中，需要同风管一起选择，如图 3-5-15 所示。

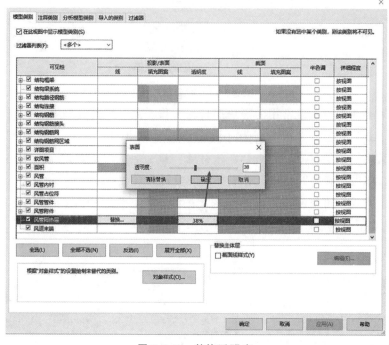

图 3-5-15　替换透明度

（二）采暖、给排水、消防喷淋系统设置

1. 添加管道尺寸、材质

将给排水专业管道类型、规格添加到项目样板，在"机械设置"对话框中单击"管道设置"下的"管段和尺寸"，选择"管段"（S）右侧的"新建管段"命令进行新建。如图 3-5-16 所示。

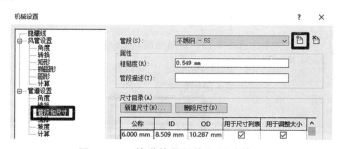

图 3-5-16　管道管段规格和尺寸管理

一般新建给排水专业常用的管段材质为镀锌钢管、钢塑复合管、PVC-U 管、焊接钢管等。在"新建管段"对话框选择"材质和规格/类型（A）"，添加材质为"镀锌钢管"，"规格/类型（D）"为"螺纹连接"，"从以下来源复制尺寸目录（F）"为"不锈钢-5S"。如图3-5-17所示。单击"确定"，在"管段（S）"中直接选择"镀锌钢管-螺纹连接"，将"粗糙度"改为 0.15mm。如图 3-5-18 所示。此处添加的管道在后期"管道类型"中创建类型，设置"布管系统配置"时可直接选用（具体方式可参考下文"3. 设置管道类型"中相关内容）。采用以上方式可增加其他常用管段（如镀锌钢管、钢塑复合管、U-PVC 管、焊接钢管等）。

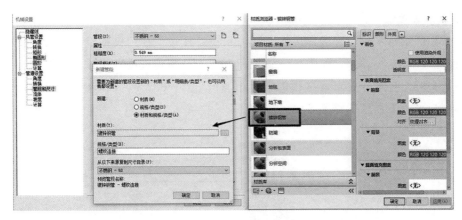

图 3-5-17　修改管段材质

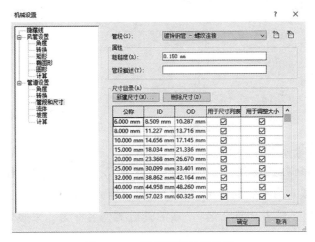

图 3-5-18　设置管段材质结果

"管道尺寸"信息无法在"尺寸目录"下的尺寸表中编辑。如实际工程中采用管道的内外径值需要修改，可以添加和删除管道尺寸，但是不能编辑现有管道尺寸的属性。如果需要修改现有尺寸，必须替换现有管道（删除原始管道尺寸，然后添加新的管道尺寸）。如图 3-5-19 所示。

图 3-5-19　新建管道尺寸

2. 添加坡度值

将常用的给排水专业管道常用坡度添加到项目样板，在"机械设置"对话框中单击"管道设置"下的"坡度"，如图3-5-20所示。单击"新建坡度"可添加给排水专业常用坡度值，一般给排水专业管道常用的坡度值为0.3%、0.5%、1%，具体可参照《建筑给水排水与采暖工程施工质量验收规范》（GB 50242—2016）。

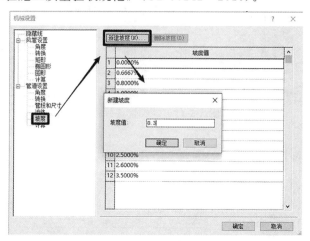

图3-5-20　新建管道坡度设置

3. 设置管道类型

（1）双击"项目浏览器"下"族"后的"管道"，可见初始项目样板中"管道类型"下仅有"标准"一项，为了后期建模，需要创建常用的管道类型。在"标准"的位置单击鼠标右键，"复制"后再"重命名"，新的管道类型名称为"采暖管道"，如图3-5-21所示。

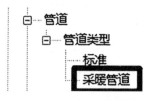

图3-5-21　新建管道类型

根据暖通图纸中的设计说明，可知表3-5-3所示相关信息，而焊接钢管管件已在第四节中载入。

表3-5-3　管件信息

序号	系统类型	管材	连接方式
1	采暖管道	$DN \leq 80$ 热镀锌钢管	螺纹连接
		$DN > 80$ 焊接钢管	焊接连接

（2）管段和管件设置。双击新建的"采暖管道"，单击"类型属性"对话框中"布管系统配置"右侧的"编辑"，在弹出的"布管系统配置"对话框中对各构件进行选择，"管段"的可选项为"MEP机械设置"阶段设置的管段内容。如图3-5-22所示。

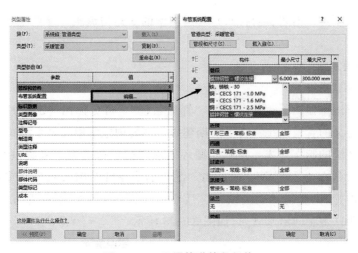

图 3-5-22　设置管道管段规格

选中左侧"布管系统配置"对话框中"管段"分组下的"镀锌钢管-螺纹连接",单击左侧绿色"+"增加一个新的管段,然后设置新的管段类型和尺寸。此处设置为"焊接钢管-焊接连接",下面管件的设置应与管段材质一致,镀锌钢管与焊接钢管的"最小尺寸""最大尺寸"分别对不同管径区间的管段进行限制,例如管径最小尺寸大于 6mm,最大尺寸小于 80mm 的管段类型为"热镀锌钢管-螺纹连接",管径最小尺寸大于100mm,最大尺寸小于 300mm 的管段类型为"焊接钢管-焊接连接"。

其他弯头、三通、四通等内容可参照上述操作和暖通图纸中的设计说明进行设置,结果如图 3-5-23 所示。

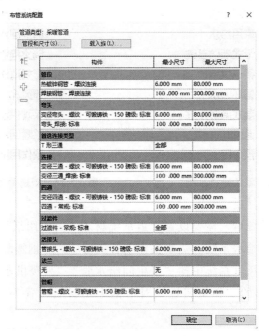

图 3-5-23　设置管道布管系统

其他专业（喷淋、消防、给排水）管道类型的新建与编辑，参照上述采暖管道设置步骤即可。

4. 设置管道系统

（1）增加管道系统。

双击"项目浏览器"下"族"后的"管道系统"，可见如图 3-5-24 所示的初始项目样板中软件自定义的管道系统。为了后期建模，需要创建常用管道系统。

参照风管系统的制作方式，复制"循环供水"后重命名为"采暖供水"；复制"循环回水"后重命名为"采暖回水"；复制"湿式消防系统"两次后分别重命名为"消火栓管"和"喷淋管"；复制"卫生设备"后重命名为"卫生间排水管"；复制"家用冷水"后重命名为"卫生间给水管"，如图 3-5-25 所示。

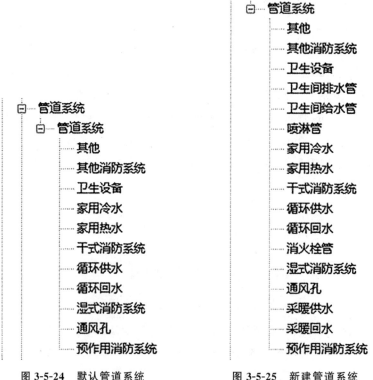

图 3-5-24　默认管道系统　　图 3-5-25　新建管道系统

（2）设置管道系统材质。

复制出相应管道系统后，需要设置管道系统材质。查阅图纸《给排水设计、施工说明二》得知，室内生活给水系统、热水供回水管道材质为"钢塑复合管"。

在项目浏览器找到风管系统中的"卫生间给水管""采暖供水""采暖回水"系统，双击鼠标左键，在弹出的"类型属性"对话框中将材质设置为"钢塑复合管"。如图 3-5-26所示。

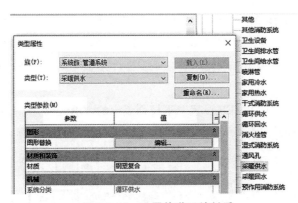

图 3-5-26　设置管道系统材质

5. 设置管道隔热层

增加隔热层类型，双击"项目浏览器"下"族"后的"管道隔热层"，软件自带隔热层类型为"矿棉"和"酚醛泡沫体"，如图 3-5-27 所示。

图 3-5-27　默认管道隔热层

目前管道系统常用的隔热层材料不仅于此，通过暖通设计说明可知管道隔热层有橡塑管壳、加筋铝箔离心玻璃棉、离心玻璃棉等，因此复制"管道隔热层"下的"矿棉"，新建管道隔热层类型为"离心玻璃棉"，如图 3-5-28 所示。

图 3-5-28　新建管道隔热层类型

双击新建的"离心玻璃棉"，在弹出的"类型属性"对话框中对"材质"进行设置，类似操作前文已有说明，此处不再赘述。根据以上方法，可复制创建管道隔热层的其他材质，如图 3-5-29 所示。

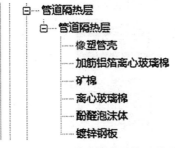

图 3-5-29　新建管道隔热层类型

（三）电气专业系统设置

1. 电气设置

将常用的电缆桥架规格和线管规格添加到项目样板中，以便后期建模时直接选取使用。

单击"管理"选项卡下"MEP设置"下拉列表中的"电气设置"，如图3-5-30所示。

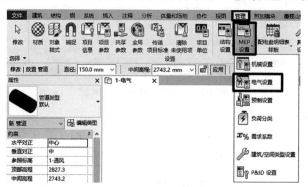

图 3-5-30　管理电气设置

在弹出的"电气设置"对话框中，找到"电缆桥架设置"中的"尺寸"，并"新建尺寸"为"350"，如图3-5-31所示。

图 3-5-31　新建桥架尺寸

2. 编辑电缆桥架类型

在"项目浏览器"中展开"族"，找到"电缆桥架"，展开其前面的"＋"，选择"带配件的电缆桥架"下的"槽式电缆桥架"进行两次复制，分别重新命名为"普通桥架"和"消防桥架"。如图3-5-32所示。

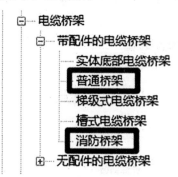

图 3-5-32　编辑电缆桥架类型

双击选择"普通桥架"，进入"类型属性"编辑界面，修改电缆桥架的管件类型，如图 3-5-33 所示。

图 3-5-33 桥架配件设置

"消防桥架"操作步骤参照"普通桥架"。

3. 编辑电缆桥架管件类型

在"项目浏览器"中展开"族"，找到"电缆桥架配件"，展开其前面的"＋"，可以看到从系统族中载入的管件，把托盘式和槽式桥架管件分别展开，选中"标准"进行复制，托盘式复制名称为"普通桥架"，槽式复制名称为"消防桥架"，如图 3-5-34 所示。

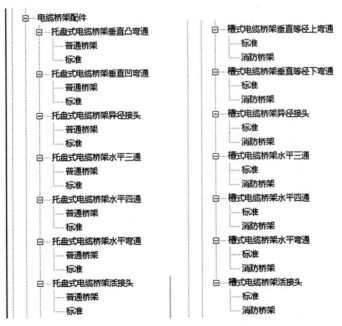

图 3-5-34 编辑电缆桥架管件类型

三、操作说明

（1）掌握通风系统相关项目设置。

（2）掌握采暖、给排水、消防喷淋系统相关项目设置。

（3）掌握电气专业相关项目设置。

扫码获取作业解析

第八天

把握住今天，胜过两个明天。

今日作业

　　以第七天作业成果为基础，将其作为样板新建项目，并参照提供的 CAD 图纸，制作标高相关层视图，然后以"作业项目—高度定位与视角"为名保存。

第四章 建模基础

 **思维导图**

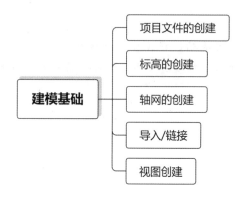

第一节 项目文件的创建

一、章节概述

本节主要阐述建模前期项目文件的创建，通过本节内容的学习，重点需要掌握项目文件的创建及保存，熟悉相关操作。具体学习内容及目标见表 4-1-1。

表 4-1-1 学习内容及目标

序号	模块体系	内容及目标
1	业务拓展	（1）项目文件包含了后期建模过程中的所有数据，建立项目文件是建模工作的基础前提 （2）样板文件包含建立项目时必备的一些基本设置和构件，是建立项目的基础；所选项目样板正确与否，决定着能否快速进入工作状态
2	任务目标	（1）完成项目文件的创建 （2）保存工程文件
3	技能目标	（1）掌握使用"新建"—"项目"命令，选择样板以建立项目文件 （2）掌握使用"保存"命令保存项目文件

二、任务实施

（一）选择样板创建项目

（1）打开 Revit 2020 软件，单击"模型"分组下"新建"选项，再单击"项目"命

令。在弹出的"新建项目"窗口中，单击"浏览"按钮，待弹出"选择样板"窗口找到
所提供的配套文件夹中"MEP样板文件.rte"文件或是自行制作的"XZJY-机电项目样
板文件"，选择该文件后单击"确定"。确保在"新建项目"窗口中"新建"分组下"新
建项目"选项为被选择状态，单击"确定"按钮，完成项目样板的选择和创建项目，如
图4-1-1所示。

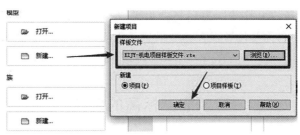

图 4-1-1　新建项目

（二）保存项目为文件

在选择正确的样板并创建了一个虚拟的项目空间后，需要将这个项目保存为实际的
文件，以便后期持续使用。

（1）单击"快速访问栏"中"保存"命令或单击快捷键"Ctrl＋S"，此时会默认弹
出"另存为"窗口。

（2）在窗口中指定存放位置（具体位置可自定），并设置文件名称为"机电工程"，
文件类型默认为".rvt"，"保存"项目为实际的项目文件，如图4-1-2所示。

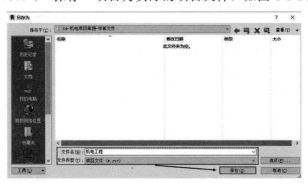

图 4-1-2　保存项目文件

三、操作说明

（1）项目样板是创建新项目的基础，不同的项目文件预存了不同的参数、参数设
置、单位设置、族文件等。

（2）项目样板可以根据需求自建，在后续学习过程中的操作均可以视为对样板的操
作，如果简单理解也可以将样板文件视为没有创建实体构件的项目文件。在不断创建新
的构件、新的图元的过程中，实际上也是不断补充样板的过程，没有任何一个预设的样
板能满足一个项目完整的、全部的建模需求，均需要不断地填充内容，包括且不限于添

加参数、修改参数、改变单位设置、载入新的族文件等之前设置样板的操作。

（3）项目文件和样板文件的区别仅在于"新建项目"对话框中"新建"分组内是选择"项目"还是选择"项目样板"。

（4）在后续建模过程中，应注意随时保存文件（常用快速访问工具栏中的"保存"按钮或快捷键"Ctrl＋S"），以免因为断电、软件 bug 等突发状况导致成果创建失败。当文件第一次保存时，"另存为"窗口将会出现以指定保存位置和文件名称，再次保存时会默认按照设置的名称及位置保存，如果想要重新指定保存位置和文件名称，可单击"文件"选项卡下"另存为"命令内"项目"选项。

第二节　标高的创建

一、章节概述

本节主要阐述建模前期标高的创建，通过本节内容的学习，重点需要掌握快速创建项目标高的方法，熟悉相关操作。具体学习内容及目标见表 4-2-1。

表 4-2-1　学习内容及目标

序号	模块体系	内容及目标
1	业务拓展	（1）Revit 软件中标高用于体现各类构件在高度方向上的具体定位 （2）在建模之前，要根据项目层高及标高进行规划，决定按照哪类标高体系创建
2	任务目标	完成项目标高的创建
3	技能目标	掌握使用"标高"命令创建标高 掌握使用"复制"命令快速创建标高

完成本节对应任务后，整体效果如图 4-2-1 所示。

图 4-2-1　标高绘制成果

二、任务实施

(一) 进入创建标高的视图

在 Revit 软件中，可以通过绘制的方式创建标高，也可以复制其他项目中已有的标高到当前项目中（见本章第四节相关内容），但是当标高不符合工作需求或没有可复制的对象时，则需要自行绘制新的符合要求的标高，因此绘制标高的方式必须掌握。

Revit 软件标高的具象表达是绘制出来的线条，因此必须进入可以绘制标高的立面视图才能创建标高，而在平面视图中绘制的是平面定位轴网，即立面定位高度，平面定位左右，所以必须进入立面或剖面这类竖向视角才能看到、绘制或修改标高。

在"项目浏览器"中单击"视图"分组下"协调"分组内"建筑立面"子分组中"MEP"分组，双击"立面：北"视图名称，以进入北立面视图。如图 4-2-2 所示。

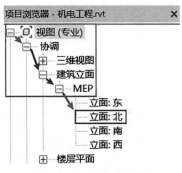

图 4-2-2　进入北立面

(二) 绘制标高

在进行机电建模时，一般结合机电施工图中的系统图查看标高信息，常采用建筑标高体系，此处参考采暖立管系统图、室内给排水系统原理图、室内消火栓及自动喷水灭火系统原理图等图纸信息建立所需标高。

在立面视图中，为了新标高的创建，可删除正负零标高以外的其他标高。删除方式为：选中（标高较多时可框选或加选）正负零外其他标高，使用"删除"命令（快捷键："DE"），在弹出的对话框中选择"是"即可。删除完成后，进行以下步骤。

（1）单击"建筑"选项卡下"基准"面板中"标高"（快捷键："LL"）工具命令，界面会自动进入"修改│放置标高"上下文选项卡，如图 4-2-3 所示。

图 4-2-3　使用标高命令

（2）选择"绘制"面板中"直线"标高绘制方式，如图 4-2-4 所示。

图 4-2-4 绘制工具

（3）将鼠标移动至标高"F1"上方任意位置，此时鼠标指针显示为绘制状态（十字），并在指针与标高"F1"间显示临时尺寸标注（单位为 mm），如图 4-2-5 所示。

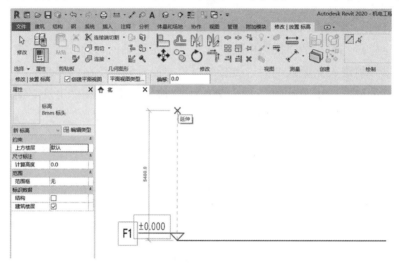

图 4-2-5 绘制标高

（4）移动鼠标指针，当指针与标高"F1"任意一侧端点对齐时，将显示端点处对齐蓝色虚线，单击鼠标左键，确定为标高线起点，向另一侧移动鼠标直到与另一侧点垂直方向对齐后（自动出现蓝色虚线），再次单击左键即可确定标高线终点。

（5）绘制完成后，在绘图区域中单击标高名称，在弹出的输入框中修改标高名称为"F2"，然后按"Enter"键确认此操作。参考此方式再次单击标高高度数值（当标高直接绘制到应有高度时则无须此操作），将其修改为"5.4"（单位为 m）。绘制结果如图4-2-6所示。

图 4-2-6 修改标高名称

（三）复制标高

（1）单击选择标高"F2"，功能区中自动跳转到"修改｜标高"上下文选项卡，在"修改"面板中选择"复制"命令，在选项栏中勾选"约束"和"多个"选项，可以固定约束方向并进行连续复制，如图 4-2-7、图 4-2-8 所示。

图 4-2-7 复制命令

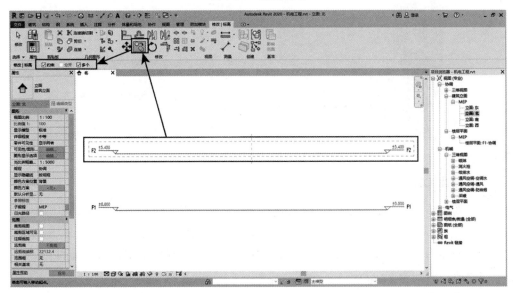

图 4-2-8 复制设置

（2）鼠标单击标高线以定位复制基点，然后向上移动鼠标以选择复制方向，再直接输入复制距离，按"Enter"键完成复制（复制时以 mm 计算高度间距，如 F3 高度为 9.3m 与 F2 高度 5.4m 相差 3900mm）。鼠标向上移动到较远距离后，连续输入标高间距（以 mm 计算）完成 F3～F7 标高的绘制，如图 4-2-9 所示。

图 4-2-9 复制标高

（3）完成标高创建后，单击"文件"选项卡下"另存为"命令内"项目"选项，在弹出的"另存为"对话框中将新创建的文件内容另存到"成果文件夹"中，并命名为"机电工程-标高创建"，如图 4-2-10 所示。

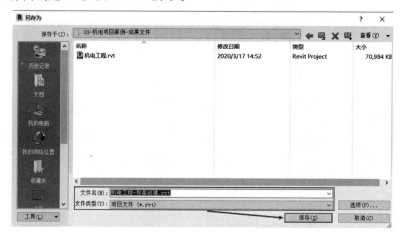

图 4-2-10　保存成果文件

三、操作说明

（1）新建标高时，务必确定统一的标高体系。标高体系一般分为建筑标高和结构标高，考虑到机电模型与建筑做法、建筑表面冲突，所以通常以建筑标高为准。

（2）标高的创建与修改均需要进入立面视图，在立面视图中根据对应项目图纸进行添加、修改、完善对应标高。

（3）在后期建模过程中，一定要结合图纸中的标高信息进行建立，当出现有局部构件标高不一致的情况时，建议以本层标高高度为基准创建模型，再调整模型高度，无须再次创建标高。

扫码获取作业解析

第九天

光阴潮汐不等人。

今日作业

以第八天作业成果为基础，在项目文件中，参照提供的 CAD 图纸制作轴网，且不同楼层的轴网展示应与图纸一致，完成后以"作业项目—平面定位"为名保存。

第三节　轴网的创建

一、章节概述

本节主要阐述建模前期轴网的创建，通过本节内容的学习，重点需要掌握快速创建项目轴网的方法，熟悉相关操作。具体学习内容及目标见表 4-3-1。

表 4-3-1　学习内容及目标

序号	模块体系	内容及目标
1	业务拓展	（1）在 Revit 软件中，轴网用于体现各类构件在平面视图上的具体定位 （2）在建模前，根据项目平面及轴网信息进行规划，找到最全面的轴网信息
2	任务目标	（1）完成项目轴网的创建 （2）创建轴网标注信息
3	技能目标	（1）掌握使用"轴网"命令创建轴网 （2）掌握使用"复制""阵列"命令快速创建轴网

完成本节对应任务后，整体效果如图 4-3-1 所示。

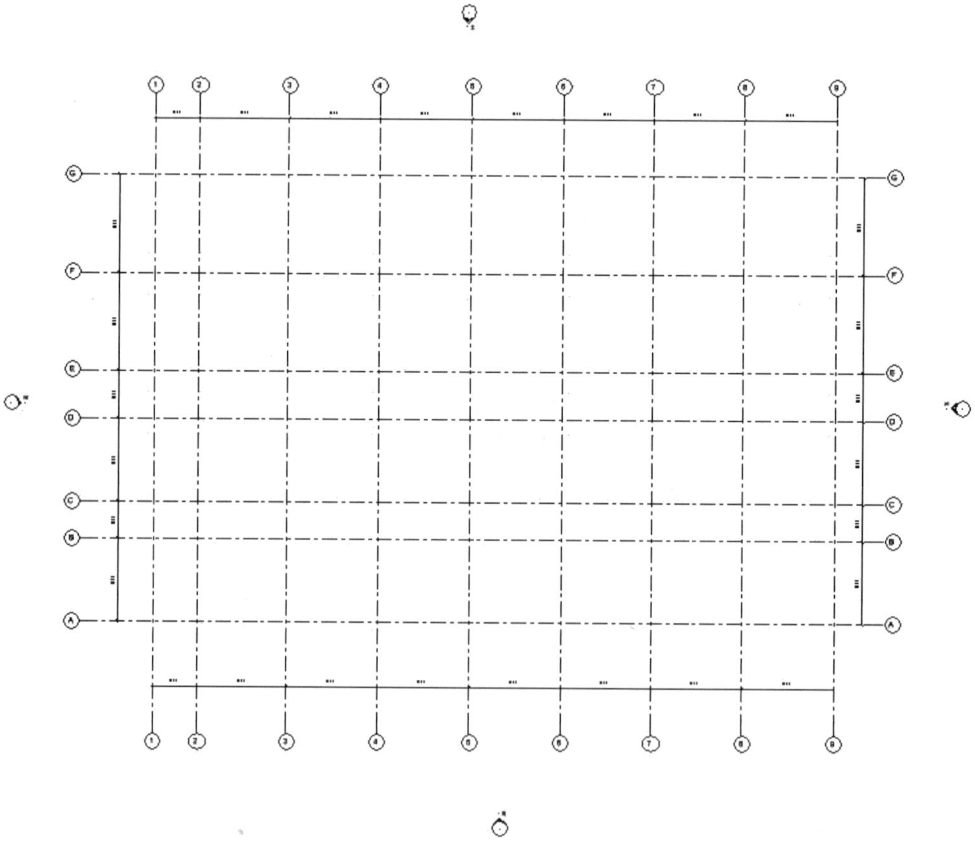

图 4-3-1　轴网绘制成果

二、任务实施

（一）创建项目轴网

在 Revit 软件中，可以通过绘制的方式创建轴网，也可以复制其他项目中已有的轴网到当前项目中（见本章第四节相关内容），但是当轴网不符合工作需求或没有可复制的对象时，则需要自行绘制新的符合要求的轴网，因此绘制轴网的方式必须掌握。

Revit 软件轴网是由多个轴线组成的网式布局，其具象表达是绘制出来的线条，轴网一般在平面中绘制，但 Revit 软件中的轴网是有高度概念的，即轴线本身实质是二维化的"面"，当视图与轴网垂直相交时，该视图内可以观察到该轴线，绘制轴线完成后其绘制的轴网将自动延伸到最高及最低标高处，即当绘制轴线的长度确定后，其高度也随之自动确定。

因轴线的二维特性，平面绘制位置不做要求，但是一般寻找项目基点为轴网 A/1 轴交叉点，项目基点可在正负零高度的平面视图中通过勾选项目基点类别的可见性使其显示。查阅图纸一层采暖平面图、一层消防给排水平面图、一层电力平面图、一层弱电平面图等。

（1）打开"机电工程-标高创建"项目文件，在"项目浏览器"中的"协调"规程展开"楼层平面"视图分组，双击"楼层平面：F1"平面，如图 4-3-2 所示。

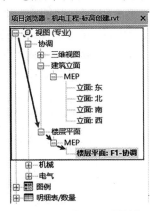

图 4-3-2 进入平面视图

（2）单击上方"建筑"选项卡下"基准"面板中的"轴网"工具命令，将自动进入到"修改｜放置轴网"上下文选项卡，如图 4-3-3 所示。

图 4-3-3 单击轴网命令

（二）绘制竖向轴线

在上下文选项卡中选择"绘制"面板内"直线"绘制方式。单击绘图区域中左侧任意点，向上或下拖动鼠标进行绘制轴线，可以按住"Shift"键使轴线只能在垂直或平行方向绘制，再次单击左键确定轴线结束终点，完成绘制，命名为"1"轴，如图 4-3-4 所示。

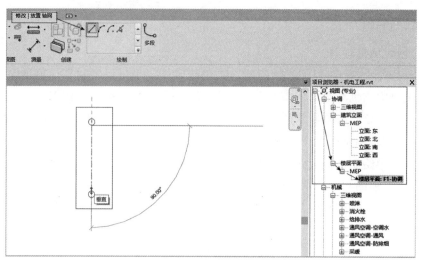

图 4-3-4　绘制轴网

注意：轴线长度会因为绘制时没有测算好距离而变得过长或过短，所以难免要进行长度调整，具体调整方法见本节（六）相应内容。

（三）利用"复制"与"阵列"快速创建轴线

"复制"功能的使用同标高一致，只是复制的方向和间距不同，故此处不再赘述。"阵列"与"复制"的操作区别在于可以一次复制出多条轴线。

（1）单击绘制出的 1 号轴线，弹出"修改｜轴网"上下文选项卡，单击"修改"面板中的"阵列"工具，进入阵列修改状态，并设置选项栏中的内容，如图 4-3-5 所示。

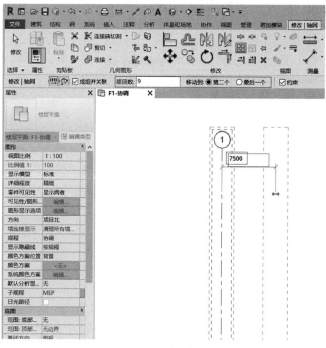

图 4-3-5　阵列轴网

（2）参考图 4-3-5 和一层采暖平面图设置选项栏中的内容，阵列方式为"线性"，取消勾选"成组并关联"选项，设置项目数为 9，移动到"第二个"，勾选"约束"选项。设置完成后，在绘图区域中轴网上单击左键一次，再向右拖动鼠标，输入尺寸"7500"。结果如图 4-3-6 所示。

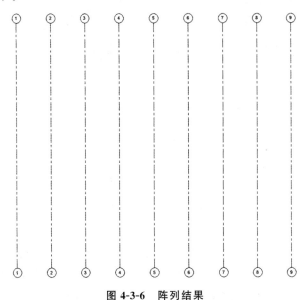

图 4-3-6 阵列结果

（3）单击选择 1 号轴线，再单击 1 号轴线与 2 号轴线之间出现的临时尺寸数值（蓝色数字），在显示输入框后，修改数值为"3750"（单位为 mm），结果如图 4-3-7 所示。

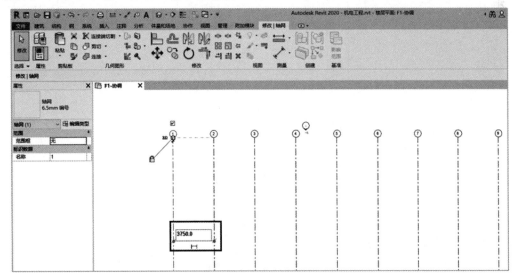

图 4-3-7 调整间距

（四）创建竖向轴线尺寸标注

单击"注释"选项卡下"尺寸标注"面板中的"对齐"工具（全称"对齐尺寸标注"，快捷键为"DI"），鼠标指针依次单击轴线 1 到轴线 9，单击过程中随鼠标移动将出现尺寸标注预览（灰色数值），预览上下位置随鼠标移动。标注完成后，左键单击想要的尺寸标注位置的对应空白位置（再次单击到图元上会生成新的尺寸标注），此时将生成线性尺寸标注。局部轴网如图 4-3-8 所示。

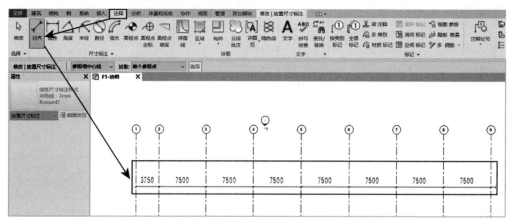

图 4-3-8　标注间距

（五）创建水平轴线及尺寸标注信息

创建操作方式同竖向轴网，可以结合"复制"命令进行快速创建（复制轴网便于快速创建间距不相等但数量多的图）。注意：创建的第一根横向轴线完成后，应先单击圆形的轴号再修改轴号内容为字母轴，然后再进行复制轴线操作。轴网创建完成后再创建对齐尺寸标注，方式同上一步骤。轴网与标注创建结果如图 4-3-9 所示。

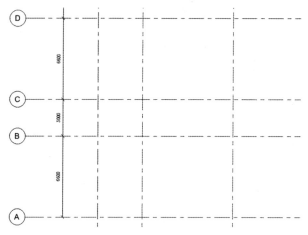

图 4-3-9　标注结果

（六）调整轴号显示与轴线长度

（1）绘制轴网时，常常因为长度绘制不够而或长或短，这时可以使用隐藏轴号的"矩形复选框"与调整轴线长度的"空心圆"对其进行调整。

（2）单击"矩形复选框"内的对钩，即可隐藏单侧轴号显示，按住圆框拖动位置，即可调整轴线长度（与轴网同一水平或垂直方向的轴线将会统一跟随拖拽的长度），根据"一层采暖平面图"中轴网信息，将轴网长度拖拽到合适长度以完成调整。局部如图

4-3-10 所示。

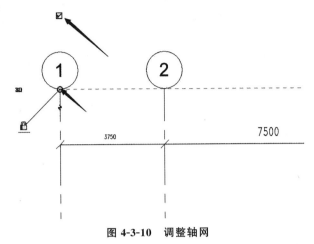

图 4-3-10　调整轴网

（3）当两个及以上轴线距离过近时，可以单击轴头附近的闪电标记将轴头弯折，然后鼠标长按左键点空心圆所在位置，再移动鼠标调整弯折程度。当个别轴线长度与其他轴线长度不一致，需要某一端长度单独调整长度时，可单击关闭的"锁"使其开"锁"（本项目无须进行此调整，了解即可）。

（七）调整绘图区域符号位置

（1）在绘图区域中单击符号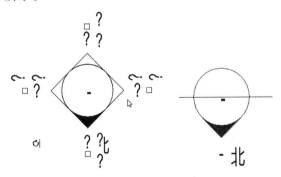中黑三角形尖部位置，其朝向即视图观察的方向，显示出的蓝色线条是视图开始观察的位置；单击圆形符号后，其"矩形复选框"用于控制朝那个方向看。项目中默认的四处符号分别表示项目中的东、西、南、北各立面视图的位置，如图 4-3-11 所示。

图 4-3-11　立面视图朝向

（2）分别框选四个立面视图符号（选中三角形和圆形两部分内容），将其移动到轴线外侧（轴线范围内是建筑范围）进行放置，保证立面显示效果正常，至此完成全部轴网的绘制与调整任务，如图 4-3-12 所示。

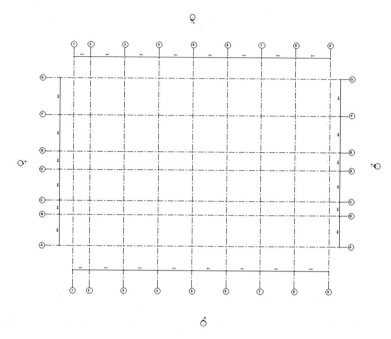

图 4-3-12　绘制结果

（3）单击下方视图控制栏中"打开隐藏视图"（小灯泡图标），使项目基点与测量点可见（圆形和三角形），然后框选所有轴网及尺寸标注使用"移动"命令，先单击 1 轴和 A 轴交点为移动基点，然后单击显示出来的项目基点的中心，完成对轴网及标注的移动。项目基点是定位原点，一般情况下所有项目的轴网其 1/A 轴交点均为项目基点。完成后再次单击"关闭隐藏视图"（小灯泡图标），以恢复视图到正常状态，如图 4-3-13 所示。

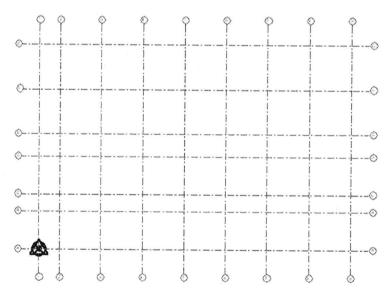

图 4-3-13　调整轴网位置

（4）由于不同层之间的建筑布局不同，所需要使用（显示）的轴网也不同，因此在参考了"一层通风、空调平面图""五层通风平面图"的内容之后，发现五层以上并未显示 E～G 轴三根轴线。切换视图到"东"立面，将与南立面相垂直（可观察到）的轴线 E～G，调整高度到五层之下，具体的方式为先选中轴线，然后单击"锁"使其解锁后，向下拖拽顶部空心圆端点直到五层标高之下即可。结果如图 4-3-14 所示。

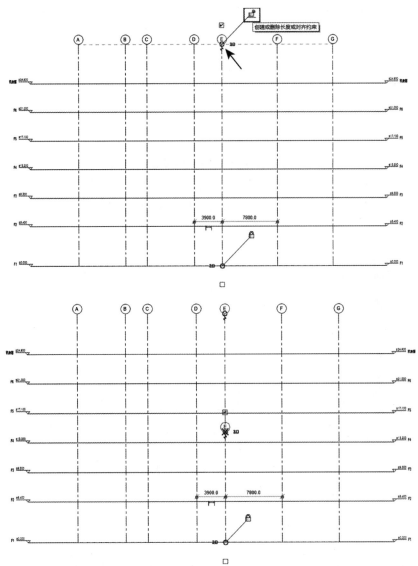

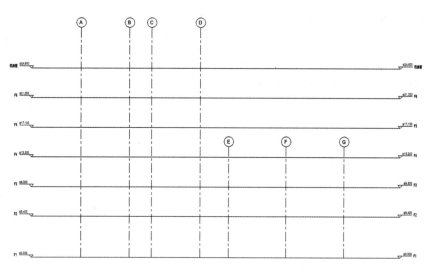

图 4-3-14　调整轴网高度

（5）完成以上操作后，单击"文件"选项卡下"另存为"命令中的"项目"选项，将项目文件保存到"成果文件夹"，并命名为"机电工程-轴网创建"，如图 4-3-15 所示。

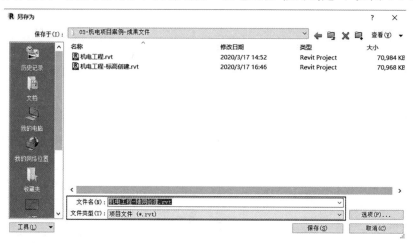

图 4-3-15　保存成果文件

三、操作说明

（1）新建轴网时一定要理清思路，进入楼层平面视图，创建竖向轴网、水平轴网，然后根据项目图纸信息修改轴号、轴距等。

（2）在绘制轴网过程中，可以利用"复制""阵列"工具命令快速创建，提高效率。

（3）绘制轴网完成后，注意利用"对齐"工具命令添加轴距标注信息，同时可以通过轴号、轴线复选框调整轴号显示隐藏及轴线的长度，根据图纸信息调整适宜即可。

第四节　导入/链接

一、章节概述

本节主要阐述外部文件的插入，通过本节内容的学习，重点需要掌握如何进行导入或链接 CAD 图纸，熟悉相关操作。具体学习内容及目标见表 4-4-1。

表 4-4-1　学习内容及目标

序号	模块体系	内容及目标
1	业务拓展	（1）Revit 软件可以利用链接 CAD 或导入 CAD 将图纸插入到视图中，参照图纸作为底图进行建模 （2）链接 CAD 之后图纸仍是外部文件，只是在 Revit 软件可以显示 CAD 图纸信息，一旦外部文件移动到其他文件夹或被删除则无法再显示；而导入 CAD 之后图纸将成为 Revit 项目文件数据中的一部分，与外部文件再无关联 （3）Revit 项目中可以链接其他 Revit 项目文件，作为当前项目的创建参照，也可以将其绑定到载入的项目中，使其融为一体
2	任务目标	（1）完成图纸的导入 （2）清楚链接 CAD 和导入 CAD 的注意事项与区别 （3）完成链接的载入，了解如何设置链接
3	技能目标	（1）掌握使用"链接 CAD"命令插入图纸 （2）掌握使用"导入 CAD"命令插入图纸 （3）掌握图纸的平移和锁定方法 （4）掌握导入图纸的分解方法

二、任务实施

（一）链接 CAD 图纸

（1）打开"机电工程"项目文件，单击上方"插入"选项卡，在"链接"面板中选择"链接 CAD"命令，将处理完成的 CAD 图纸进行链接，如图 4-4-1 所示。

图 4-4-1　链接 CAD

（2）以链接"一层采暖平面图"为例，单击选择对应图纸，下方选项中"颜色"默认"保留"可使图纸中线条、文字等颜色显示与图纸中一致，"定位"可以根据不同的需求进行选择，一般选择"自动-中心到中心"（便于图纸在当前视图可见范围内显示）。

"导入单位"一般选择为"毫米"，左侧勾选"仅当前视图"选项，可以使链接的图纸只在当前视图显示。"图层"一般仅选择"可见"，以避免图纸中无用的线条或文字在

Revit 中显示。如图 4-4-2 所示。

图 4-4-2　调整链接设置

（3）链接图纸到平面后，可能会出现警告提示，但是如果图纸可以在视图中正常显示，则可选择忽略，如图 4-4-3 所示。

图 4-4-3　警告界面

链接图纸的定位需要与项目基点对齐，可以通过单击"视图控制栏"中的"显示隐藏图元"（灯泡图标）命令使视图中显示出项目基点，单击图纸的 1/A 轴交点，再单击项目基点中心即可完成图纸平移。如图 4-4-4 所示（此图为突显操作过程，将图纸向下方移动了一定距离）。完成后单击"关闭隐藏图元"，使视图恢复到正常状态。

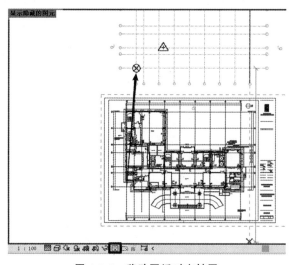

图 4-4-4　移动图纸对齐轴网

（4）链接的 CAD 图纸平移后，在选中状态（蓝色）下，单击"修改"面板下的"锁定"命令，将图纸的位置进行锁定。锁定后的图元不可再进行移动，移动时将弹出警告对话框，如图 4-4-5、图 4-4-6 所示。

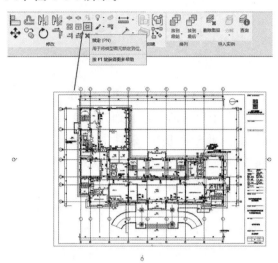

图 4-4-5　锁定图纸

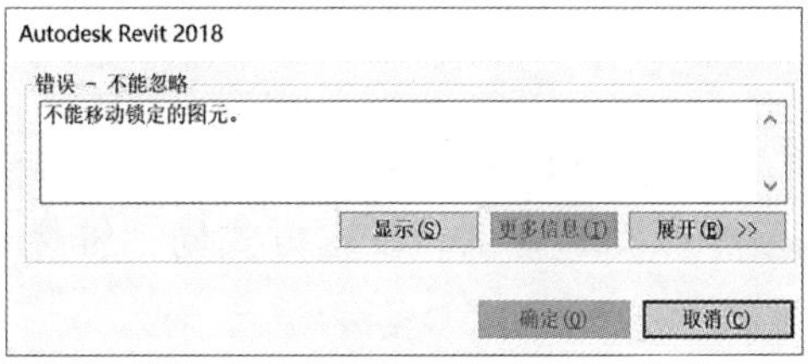

图 4-4-6　锁定警告

（5）链接图纸的显示与隐藏。

在无选择状态下，单击"属性"选项板中"可见性/图形替换"编辑按钮（快捷键"VV"），单击"导入的类别"选项卡，可以看到链接或导入进来的图纸，单击图纸前"+"按钮还可以查看链接文件中的图层，文件及图层在勾选状态下为显示，取消勾选状态则为隐藏，可根据需要显示或隐藏整个文件或个别图层。如图 4-4-7、图 4-4-8 所示。

图 4-4-7　视图可见性

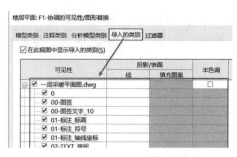

图 4-4-8　链接文件可见性设置

（6）通过"链接 CAD"命令导入的实例是通过链接外部 CAD 图纸使 Revit 软件可以显示链接的 CAD 图纸信息，并非是 Revit 软件本身创建的图元。如果 CAD 图纸文件移动到其他文件夹或被删除，则无法再显示。

（二）导入 CAD 图纸

（1）打开 Revit 2020 软件，单击上方"插入"选项卡，在"导入"面板中选择"导入 CAD"命令，将处理完成的 CAD 图纸进行导入。如图 4-4-9 所示。

图 4-4-9　导入 CAD

（2）以导入"一层采暖平面图"为例，设定方式同"链接 CAD"相关讲解，如图 4-4-10所示。

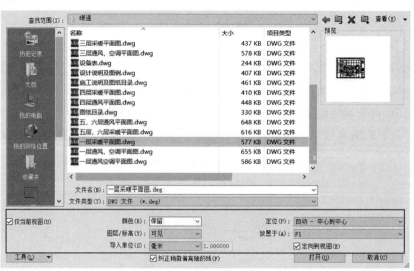

图 4-4-10　导入 CAD

（3）导入图纸到视图中后，图纸的平移及锁定处理过程同前"链接 CAD"相关讲解，但要注意导入的 CAD 图纸可能会默认进入锁定状态，故选中图纸后，应先单击

"修改"面板中"解锁"命令。相关内容在前文中已有介绍，此处不再赘述。

（4）导入图纸的显示与隐藏方式同样与"链接 CAD"相关讲解一致，均为通过"可见性/图形替换"编辑按钮（快捷键"VV"），在"导入的类别"选项卡中设定导入图纸的整个文件或图层的显示与隐藏，如图 4-4-11 所示。

图 4-4-11　导入可见性设置

（5）通过"导入 CAD"导入的图纸，在导入过程中已被转化为 Revit 文件中的图元，但默认仍是一个整体的图纸文件，可以将其进一步分解为单个的线和文字等内容。

分解的方式包括完全分解和部分分解，单击选择导入的图纸文件，在"修改｜一层采暖平面图"上下文选项卡下，单击"导入实例"面板内"分解"命令下三角即可选择分解程度，如图 4-4-12 所示。

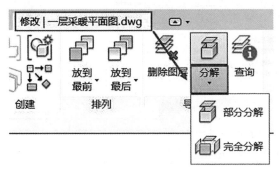

图 4-4-12　导入文件分解

①完全分解是将导入的图纸完全分解为文字、模型线等内容，但单个导入的文件超过 10000 个图元则不能被分解，因此应注意导入图纸中信息的多少（线、文字、详图填充），如图 4-4-13 所示。

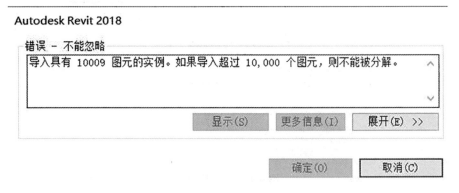

图 4-4-13　导入警告

②部分分解是将导入的符号分解为仅次于它的最高级别图元，如文字、线及部分原图纸信息组。注意：分解时，因 Revit 软件不支持长度在 0.7mm 以下的线，所以可能会出现警告提示线条被删除，此时单击"删除图元"忽略即可，如图 4-4-14、图 4-4-15 所示。

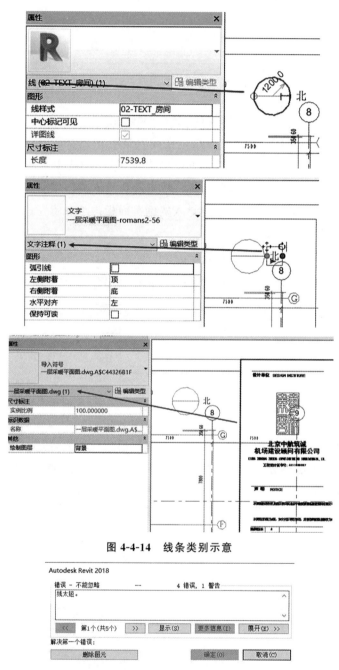

图 4-4-14　线条类别示意

图 4-4-15　分解警告

（6）可以先"部分分解"再"完全分解"，以免一次分解太多图元而无法分解成功。

在将所有内容均分解为最基本的文字、线、详图填充（图例）之前，部分内容如文字因为 Revit 字体不支持（找不到与 CAD 字体对应的 Revit 字体）、详图没有相同对应图形（找不到与 CAD 图形对应的详图填充）等，会导致部分信息丢失，所以应注意合理分解内容。分解导致信息丢失。如图 4-4-16 所示。

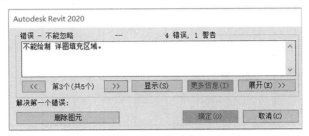

图 4-4-16　分解警告

（三）链接 Revit

（1）单击"插入"选项卡下"链接 Revit"命令，在弹出对话框中单击选择配套的"土建参照模型.rvt"文件，确认"定位"为"自动-原点到原点"后，单击"打开"。如图 4-4-17 所示。

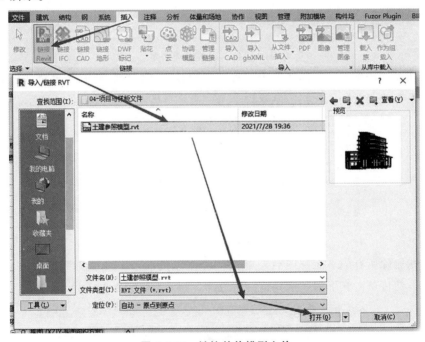

图 4-4-17　链接其他模型文件

（2）框选四个立面符号，将其移动到链接进来以后的轴网范围外，由于土建模型在建立时已将轴网 1/A 交点放在项目基点处，因此不需要再寻找项目基点并将链接移动到项目基点处。结果如图 4-4-18 所示。

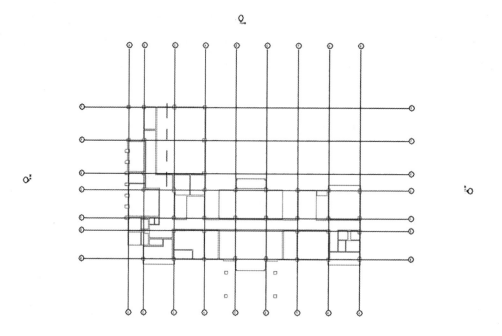

图 4-4-18　链接平面结果

（3）切换视图到任意立面视图中，将原本标高全部删除，此时弹出对话框提示所有平面视图及与之相关的图元将被删除，单击"确定"即可，如图 4-4-19 所示。

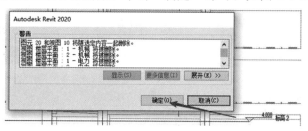

图 4-4-19　删除警告

（4）在删除所有的平面视图后，单击"协作"选项卡下"坐标"面板内"复制/监视"命令，然后单击其下的"选择链接"选项，过程如图 4-4-20 所示。

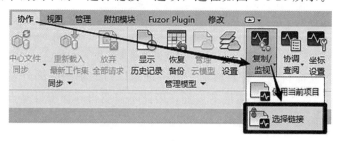

图 4-4-20　使用链接模型

（5）在立面中，单击链接进来的土建模型，然后单击"复制/监视"上下文选项卡中的"选项"命令，如图 4-4-21 所示。

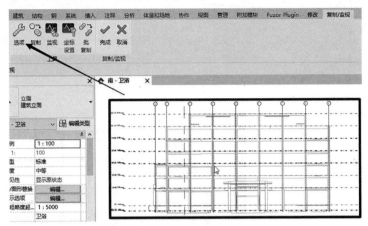

图 4-4-21 设置模型选项

（6）在弹出的对话框中，设置轴网和标高的类型一致，其他内容无须设置，完成后单击"确定"即可，如图 4-4-22、图 4-4-23 所示。

图 4-4-22 设置标高

图 4-4-23 设置轴网

（7）单击"复制/监视"选项卡下"工具"面板中的"复制"命令，然后在"选项栏"中勾选"多个"，再框选链接所处位置和内容，过程如图 4-4-24 所示。

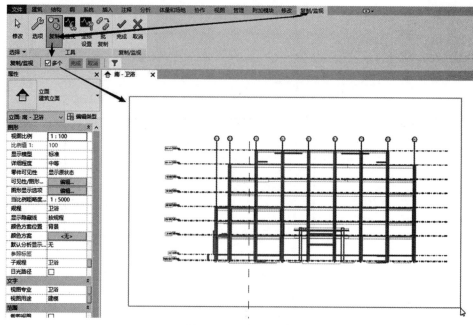

图 4-4-24　复制文件

（8）单击"选项栏"中的"过滤器"选项，在弹出的对话框中仅勾选"标高"和"轴网"后，单击"确定"完成筛选，然后单击"选项栏"中的"完成"选项，完成复制，如图4-4-25所示。

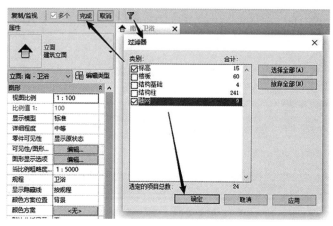

图 4-4-25　筛选目标

（9）切换视图到东或西立面中，重复前两步，只框选另一立面中的轴网，完成标高复制，结果如图 4-4-26 所示。完成后，单击"复制/监视"选项卡下"工具"面板中的"完成"命令，以结束复制操作，如图 4-4-27 所示。

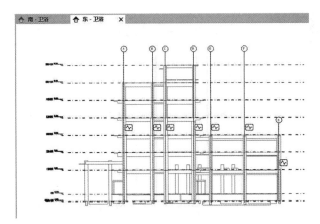

图 4-4-26 复制结果

图 4-4-27 完成操作

（10）选择链接模型，单击"管理链接"命令，在弹出来的对话框中选择"卸载"命令将链接模型从当前项目中去除，待再次弹出对话框后单击"确定"，然后单击"管理链接"对话框中的"确定"即可，如图 4-4-28 所示。

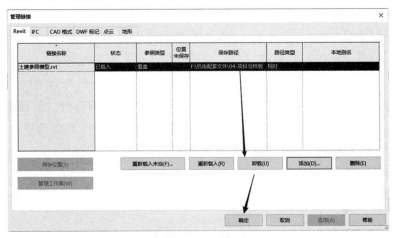

图 4-4-28 卸载模型

（11）至此，土建模型的标高和轴网已复制到当前项目中，接下来将复制过来的结构标高选中删除（一般比建筑标高低 50mm）即可，然后参照视图创建部分的内容描述建立相应的不同专业的楼层平面视图即可。

后续如果还需要土建模型作为建模参照，可在"管理"选项卡下"管理项目"面板中单击"管理链接"命令以弹出"管理链接"对话框，再选中土建参照模型后，单击"重新载入"按钮，将其重新载入到项目中即可，如图 4-4-29 所示。

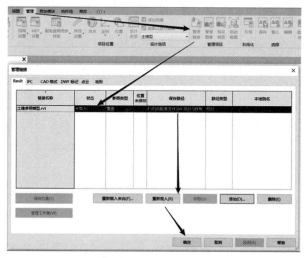

图 4-4-29　重新链接

三、操作说明

（1）注意链接与导入的区别：链接 CAD/Revit 一定要有原文件，链接文件相当于借用文件，如果将原文件位置移动或删除，Revit 中的 CAD 图纸/Revit 模型均会因为其文件不在原来位置而消失。

导入 CAD 相当于直接把 CAD 文件变为 Revit 文件，而不是借用，所以无论外部的 CAD 如何变化都不会对 Revit 中的 CAD 产生影响，因为其已经成为 Revit 项目的一部分，与外部 CAD 文件不存在联系。

（2）导入 CAD 与链接 CAD 相比，可以将导入的 CAD 图纸分解为线、文字、详图填充（图例）等内容，即将外部文件转化为 Revit 自身文件的命令。链接 Revit 也可以在项目中选中链接模型后，单击"绑定链接"将链接模型导入到当前项目中以"模型组"的方式成为当前项目的一部分（模型组可以选中后解组）。

（3）通过视图属性中可见性设置可以调整导入外部图纸的显示或隐藏，链接 CAD 也可以利用管理链接功能实现。注意图纸导入后平移与锁定功能的运用，以方便建模。

第五节　视图创建

一、章节概述

本节主要阐述视图样板的创建和应用，通过本节内容的学习，重点需要掌握快速创建视图样板以及复制应用的方法，熟悉相关操作。具体学习内容及目标见表 4-5-1。

表 4-5-1　学习内容及目标

序号	模块体系	内容及目标
1	业务拓展	视图是观察模型的窗口,也是创建和调节模型的入口。视图创建方式属于必须掌握的内容
2	任务目标	(1)完成常用视图的创建 (2)进行视图样板的应用
3	技能目标	(1)掌握常用视图的创建方式 (2)掌握应用视图样板属性的方式

二、任务实施

(一)平面视图

(1)在绘制标高时,"选项栏"中"创建平面视图"选项是默认勾选的,因此对应的视图会同步创建完成。在"平面视图类型"选项中可以选择随标高生成的视图类型,一般选择"楼层平面",如图 4-5-1、图 4-5-2 所示。

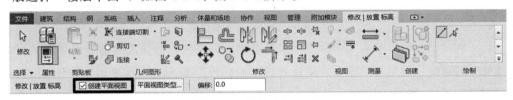

图 4-5-1　绘制时生成视图

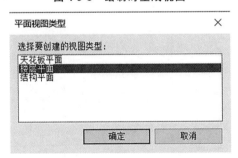

图 4-5-2　生成视图类型选择

(2)在"视图"选项卡中"创建"面板内单击"平面视图"中的"楼层平面"选项,从中可单击选择未创建视图的标高,如图 4-5-3 所示。

图 4-5-3　选择标高生成视图

（3）在"新建楼层平面"中单击"编辑类型…"按钮，即弹出当前楼层平面的"类型属性"对话框，可见到"查看应用到新视图的样板"处为"机械平面"（不同项目设置会有所不同），如图 4-5-4 所示。

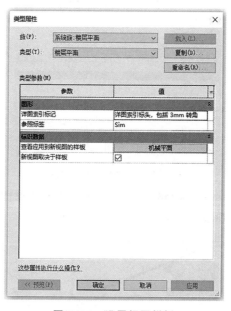

图 4-5-4　设置视图样板

此处设置的样板属性会在创建视图完成后，作为视图属性"视图样板"的参数设置保存，即可为新建平面视图做属性设置，此处可设置为当前项目中已保存的专业视图样板。同时，影响使用"视图"创建命令创建的视图和绘制标高时自动创建的视图（绘制标高时，选项栏处可设置生成视图的类型）。

设置完成后，单击"确定"完成视图属性设置。

（4）在"新建楼层平面"对话框中，可通过"点选"（左键）和"加选"（Ctrl＋左键）或"多选"（Shift＋左键）的方式选择想要创建视图的标高，选择完成后，对应视图将创建完成。为方便后续建模，建议先制作"送风"专业相关的平面视图。创建结果如图 4-5-5 所示。其他专业可参照上述操作。

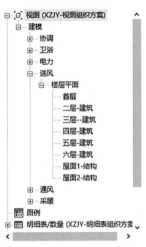

图 4-5-5　平面视图制作成果

（二）立面视图

初学者经常无意间将立面符号删除，难以进入立面中观察或创建构件，同时不同专业的人需要创建不同专业的立面视图。下面介绍立面视图的创建。

（1）假设此时南、北立面被删除。单击"视图"选项卡下"创建"面板中"立面"命令，在绘图区域中鼠标上已出现立面符号预览，然后在轴网正上方单击左键来放置立面符号，如图 4-5-6 所示。

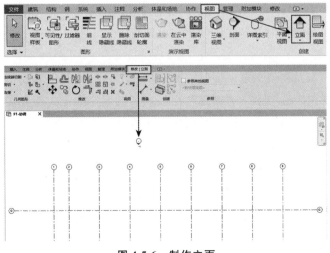

图 4-5-6　制作立面

（2）按下"Esc"键取消放置状态，左键单击放置符号中圆圈部分，在出现的方框中勾选下方方框并将左侧方框取消勾选来调整立面查看方向。取消勾选时会弹出警告，单击"确定"即可，如图4-5-7所示。

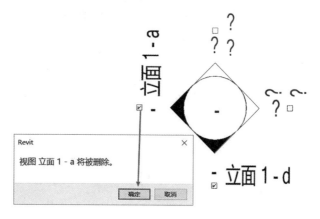

图 4-5-7　立面方向调整

（3）单击黑色三角尖端部分，再单击"属性"选项栏中"远剪裁"后按钮，在弹出的对话框中勾选"不剪裁"并单击"确定"，将视图名称修改为"北"。过程如图4-5-8所示。

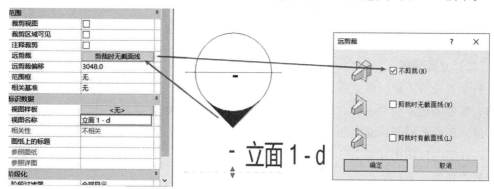

图 4-5-8　立面属性调整

（4）参考上一步骤将南方向立面创建完成即可。

（三）剖面视图

在创建机电模型及调整机电模型时，剖面是一个必不可少的视图工具。

（1）单击"视图"选项卡下"创建"面板内"剖面"命令，或直接单击"自定义快速工具访问栏"中"剖面"命令以激活创建剖面命令，如图4-5-9所示。

图 4-5-9　剖面命令

（2）在平面视图中绘制剖面时，鼠标左键单击需要绘制剖面的位置点，如果是竖向自上而下绘制时，剖面朝向为东，反之则为西；如果是横向自左向右绘制时剖面朝向为南，反之则为北，如图 4-5-10 所示。

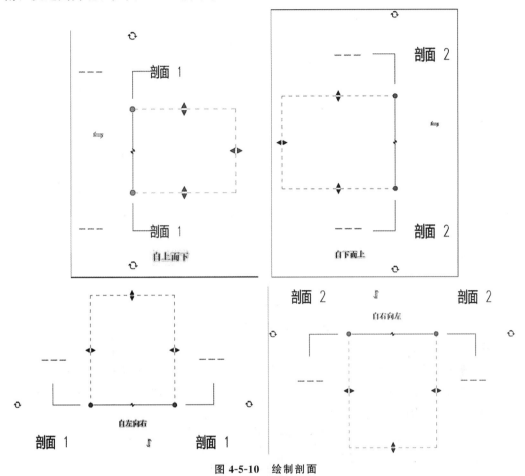

图 4-5-10　绘制剖面

（3）在立面中绘制剖面时仅能竖向绘制，剖面的绘制效果朝向与上一步骤相同。绘制剖面完成后，单击剖面出现的蓝色虚线是剖面的可查看范围（看多远和看多宽），剖面查看高度需要进入该剖面才可以更改，如图 4-5-11 所示。当绘制剖面完成后，项目浏览器中将自动出现"剖面"视图分组，可以通过双击该视图分组下的视图名称进入该视图。

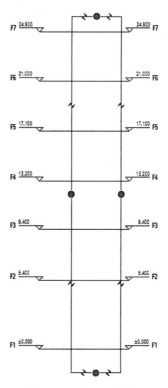

图 4-5-11 剖面观察范围

(四) 三维视图

三维视图虽然是一个常用但又不常创建的视图，但也需要了解该视图的创建方式。

(1) 单击"视图"选项卡下"创建"面板中的"三维视图"命令，或单击"自定义快速工具访问栏"中的"三维视图"命令，如图 4-5-12 所示。

图 4-5-12 三维视图命令

(2) 此时在"项目浏览器"中多出一个新的视图分组，该视图分组下即为新创建的三维视图，但在此视图改变分组或名称之前，继续单击上一步骤中的两个命令将自动跳转到该三维视图中，如图 4-5-13 所示。

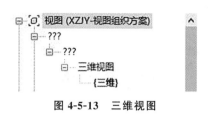

图 4-5-13　三维视图

三、操作说明

（1）创建平面视图时，视图样板类型属性决定了视图属性的初始设置，也可以设置为"无"，以方便自定义创建完成的视图属性。

（2）创建立面、剖面视图时，也可以单击"属性"选项板中的"类型属性"按钮，为其设置视图样板。

（3）绘制标高时，注意选项栏处可以设定生成的平面视图类型，以及平面视图样板。

扫码获取作业解析

第十天

钉子是敲进去的，时间是挤出来的。

今日作业

> 　　阅览图纸"S7号楼暖通-t3"中图纸"6-4-01—6-4-09"，然后根据图中信息回答以下问题，完成后以"暖通图纸阅读.doc"为名保存。
>
> 　　1. 该文件中，图示共有几个系统？
>
> 　　2. 图示内容中，通风系统的具体走向是？
>
> 　　3. 图示内容中，共有几个空调系统相关设备？分别是什么？
>
> 　　4. 图示内容中，散流器的尺寸和安装高度分别是多少？

第五章　通风系统建模

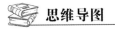 **思维导图**

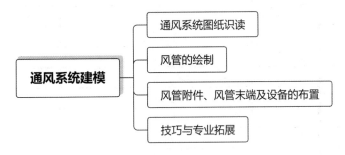

第一节　通风系统图纸识读

一、章节概述

本节主要阐述通风系统图纸识读，通过本节内容的学习，重点需要掌握快速读懂通风系统相关图纸的方法，熟悉相关操作。具体学习内容及目标见表5-1-1。

表5-1-1　学习内容及目标

序号	模块体系	内容及目标
1	业务拓展	图纸识读为基础技能，通过阅读图纸，提取相关信息，方便在软件中创建相关构件
2	任务目标	(1) 学会阅读通风系统图纸设计及施工说明 (2) 学会阅读通风系统图纸中的平面图 (3) 学会阅读通风系统图纸中的系统图及详图
3	技能目标	(1) 阅读通风系统图纸设计及施工说明，并提取相关信息 (2) 阅读通风系统图纸中的平面图，并提取相关信息 (3) 阅读通风系统图纸中的系统图及详图，并提取相关信息

二、任务实施

一套完整的暖通施工图纸一般包含图纸目录、设计施工说明、图例、设备材料表、平面图、详图、系统图等。想要读懂暖通图纸，首先需要通过图纸目录了解图纸名称及编号，其次需要对设计施工说明、图例、设备材料表有所了解，并找到一些重要信息，方便后期识图使用，最后进行读图。先识读平面图，了解相关管段路径、尺寸及标高等信息，并结合系统图、详图进行全面理解。

（1）首先阅读图纸目录，了解图纸名称和图号，如图 5-1-1 所示。

图纸目录

序号	图 号	版别	图 名	图幅
01	N-01	A	设计说明及图例	A1
02	N-02	A	施工说明及图纸目录	A1
03	N-03	A	设备表	A1
04	N-04	A	采暖主干管系统图	A1
05	N-05	A	采暖立管系统图（二）	A1
06	N-06	A	采暖立管系统图（二）	A1
07	N-07	A	一层采暖平面图	A1
08	N-08	A	二层采暖平面图	A1
09	N-09	A	三层采暖平面图	A1
10	N-10	A	四层采暖平面图	A1
11	N-11	A	五层采暖平面图	A1
			六层采暖平面图	
12	N-12	A	机房层采暖平面图	A1
13	N-13	A	一层通风、空调平面图	A1
14	N-14	A	二层通风、空调平面图	A1
15	N-15	A	三层通风、空调平面图	A1
16	N-16	A	四层通风、空调平面图	A1
17	N-17	A	五层通风、空调平面图	A1
			六层通风、空调平面图	
18	N-18	A	屋顶层通风平面图	A1

图 5-1-1　图纸目录

（2）通篇阅读整个设计说明和施工说明，了解项目名称、项目面积、管道附件等信息，例如此项目风管设置"70℃防火阀"。简单阅读设备表，对设备进行简单的了解，如图 5-1-2 所示。

七. 防排烟系统及通风系统的防火措施：

1. 排烟及通风系统：

地上房间及走道设置有外窗，自然排烟，可开启外窗面积符合消防规范要求。自然排烟的区域，自然排烟窗的净面积为区域建筑面积的2%~5%

2. 暖通空调系统防火措施

通风、空气调节系统，按每个防火分区单独设置空调设备。在下列情况时，风管设置 **70℃防火阀：**

图 5-1-2　项目设计说明

（3）以"一层通风、空调平面图"为例进行讲解。根据图纸目录了解到，"一层通风、空调平面图"图纸编号为"N-13",快速找到相关图纸。图纸右下角标明了项目名称、工程名称、图纸名称、图纸编号、图纸比例等相关信息,如图 5-1-3 所示。

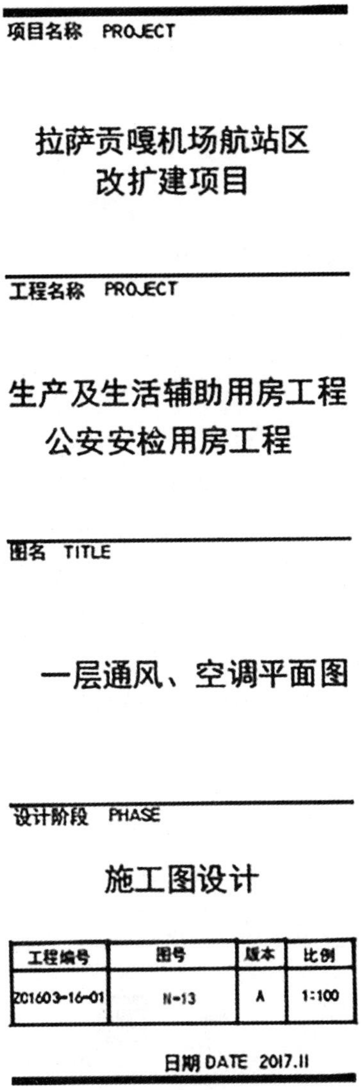

项目名称 PROJECT

**拉萨贡嘎机场航站区
改扩建项目**

工程名称 PROJECT

**生产及生活辅助用房工程
公安安检用房工程**

图名 TITLE

一层通风、空调平面图

设计阶段 PHASE

施工图设计

工程编号	图号	版本	比例
ZC1603-16-01	N-13	A	1:100

日期 DATE 2017.11

图 5-1-3 图纸信息

(4) 以 1 轴到 3 轴和 F 轴相交附近区域的机房处新风管和送风管为例(与描述无关的图示内容做了淡化处理),如图 5-1-4 所示。

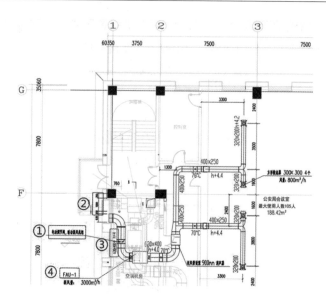

图 5-1-4　机房部分平面图

注：图中序号与框为凸显重点。

查看风管的图纸，第一步需要找到源头，第二步从源头开始经介质的流向找路径，第三步顺着介质流向找到末段。因此，首先需要找到新风管进风口处，通过右边"电动调节阀，联动新风机组"（见图 5-1-4 中①处）得知，此处风管为新风管。通过尺寸标注得知，新风管进风口（室外风进风入口处，可传输新鲜空气到设备，再由设备转换提供给其他风管传输到房间内）上边界位于 F 轴下 1550mm（见图 5-1-4 中②处）。从风管边标注得出，管径为"600×400"（单位为 mm），高度为"4m"（见图 5-1-4 中③处）。

新风管路径为：新风管进风口处从墙开洞后，向右然后弯折转下，再向右弯折，连接至设备"FAU-1"（新风处理设备）（见图 5-1-4 中④处）。期间在两个拐弯处分别设有弯头和电动调节阀，如图 5-1-5 所示。

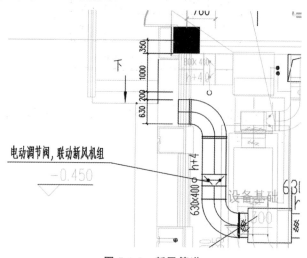

图 5-1-5　新风管道

此时需要查看设备表，得知"FAU-1"为"吊顶式新风机组"的设备（有些图纸位置尺寸并没有直接标明，可以通过测量的方式得出），如图 5-1-6 所示。

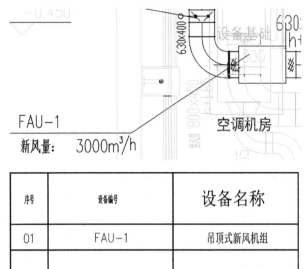

序号	设备编号	设备名称
01	FAU-1	吊顶式新风机组

图 5-1-6　新风机组

经过"吊顶式新风机组"后，通过图纸得知风管截面尺寸为"630×400"（单位为 mm），高度为 4m（见图 5-1-7 中①处），水平向右绘制，到走廊位置向上弯折，在弯头前设有"70℃防火阀"，弯头后设有"900mm 消声器"（见图 5-1-7 中②处；此处"900mm"可以理解为消声器的规格），消声器与风管中心对齐，所以消声器中心高度为 4m。

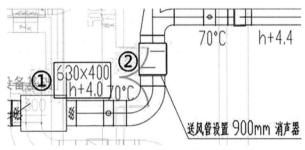

图 5-1-7　送风管道主干

消声器过后，设有变径三通管件，分别向上和向右形成两个分支，此处以向右的分支风管进行讲解。经过三通后，此处并未单独标明风管截面和高度，但其后面连接的风管注释了风管截面，可以得出此段风管截面为"400×250"（单位为 mm）（见图 5-1-8 中①处），在风管截面注释处左侧有一图例（见图 5-1-8 中②处），该图例为右高左低的风管上翻翻弯图例，说明该图例左边的风管高程依旧延续之前的高程 4m，该图例右边的风管高程改变为 4.4m（由注释"h+4.4"可得），在过墙之前有一个"70℃防火阀"（见图 5-1-8 中③处）。

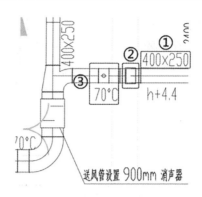

图 5-1-8　送风管支干

过内墙进入公安局会议室后，可以看到管段处符号为风管上翻符号，并且后面管段高程变为 4.4m，所以在过内墙后需向上进行翻弯有一段垂直的管道，以连接至 4.4m 处的风管。继续向右看风管走向，可见在下一个风管三通位置，分别向上和向下形成分支，其风管截面均为"320×200"（单位为 mm）（见图 5-1-9 中①处），其周围未提示高程变化也未见翻弯符号，所以高度不变，并在末端位置分别设有"300×300 方形散流器"（见图 5-1-9 中②处；从管段旁文字注释得知），即可知从设备"FAU-1"出来的风管到此处均为送风风管，此段风管相关信息阅读完成。其他风管可以参照上述方法进行读图理解。

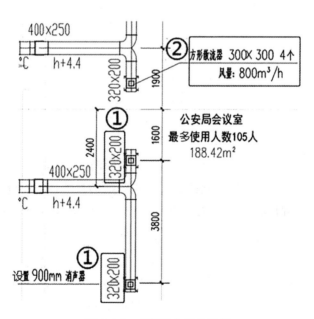

图 5-1-9　支管走向与散流器

（5）以 1 轴到 3 轴和 B 轴到 F 轴相交区域机房处排风管为例。

1）确定风管系统。通过左下角文字注释"PF-500"（见图 5-1-10 中①处）可以得知，此风管系统为排风系统。

2）需要确定风管路径。

①确定排风管起点。排风系统的排风方式是通过设备对废气加压到管道中，并运输到风口将废弃气体排出，通过检查图纸中整段排风管道可以得知，排风管由编号为"ZK"（见图 5-1-10 中②处）的设备引出，通过查看设备表，此设备为"直膨式组合式空调机组"。

②确定排风管路径。由"ZK"引出，出空调机房，沿走廊方向，最终到靠近 B 轴与 1 轴外墙开洞将室内风排出。

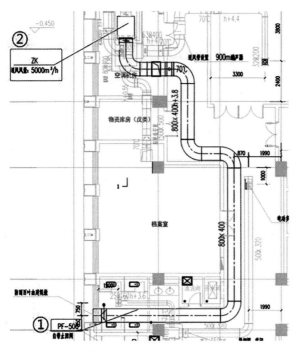

图 5-1-10　排风管道

3）确定风管管径及高程。

①确定由"直膨式组合式空调机组"到空调机房门口处的风管高程。平面图中并没有标明此处风管高程，并且可以看到此处有风管翻弯的符号但无高度注释，如图 5-1-11 所示。在不能确定高程的情况下，需要查看对应的剖面图或者详图来对比得出实际高度。通过观察此处平面图纸可知此处有 1-1 剖面图，请查看本书对应附件中的图纸内容。

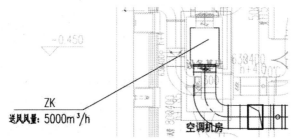

图 5-1-11　空调机组和翻弯管道

在图纸目录中找到"新风机房 1-1 剖面图"，结合平面，可以更直观地理解风管及设备的位置关系。从"新风机房 1-1 剖面图"可以看出，排风管连接"直膨式组合式空调机组"的风管管径为"800×400（单位为 mm）"，高程为"1.85m"（见图 5-1-12 中①处）。经过一段距离后，排风管高程上升至"3.8m"（见图 5-1-12 中②处），管径不变，结合平面即可理解此处风管情况。期间，路径方向发生变化位置设有不同方向的风管弯头。

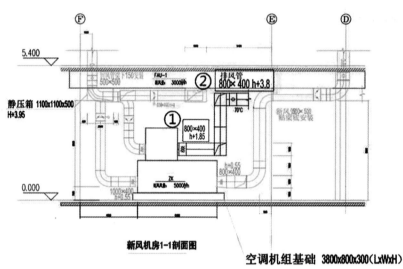

图 5-1-12　1-1 剖面图

②确定空调机房门口处到 D 轴走廊处风管高程。风管高程由风管上翻位置上升至3.8m 后，在走廊位置，通过风管旁标注得知，此处风管管径为"800×400"（单位为mm），高程为"3.8m"，直至 D 轴走廊处。期间，路径方向发生变化位置设有不同方向的风管弯头。如图 5-1-13 所示。

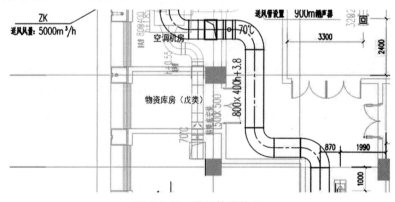

图 5-1-13　排风管道转向

③确定 D 轴走廊处到 B 轴外墙处的风管高程。D 轴处以下，通过文字得出，管径为"800×400"（单位为 mm），高程并未标明，图纸也并未标明有上翻或下翻的符号，得出此处风管高程为"3.8m"。至 B 轴外墙洞口处将室内风排出。如图 5-1-14 所示。

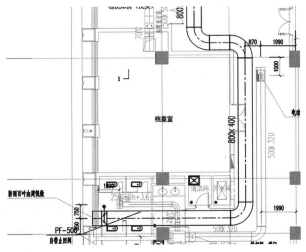

图 5-1-14　排风管道方向

4）确定风管附件。

①风管上有相关特殊符号，需结合图例或设计说明识读风管附件。例如此处特殊符号附近标有"70℃"注释，结合设计说明得出为"70℃防火阀"，如图 5-1-15 所示。

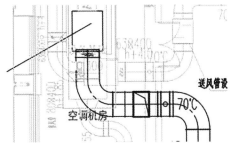

图 5-1-15　防火阀图例

②风管上有相关特殊符号，需结合引线引出文字注释识读风管附件，如图 5-1-16 所示。

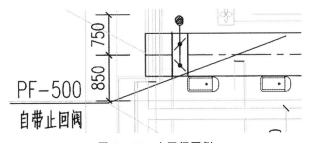

图 5-1-16　止回阀图例

空调水系统以及采暖系统识图可以参考第六章第一节内容讲解。

第十一天

少年易老学难成，一寸光阴不可轻。

今日作业

　　根据第十天作业内容及成果，链接导入附件中提供的建筑模型，在模型中绘制风道系统相关内容，完成后以"作业项目—风系统"为名保存。

第二节 风管的绘制

一、章节概述

本节主要阐述如何绘制并编辑风管属性、风管连接位置的处理等一系列风管相关操作，通过本节内容的学习，重点需要掌握创建并绘制风管，熟悉风管相关处理的操作方法。具体学习内容及目标见表 5-2-1。

表 5-2-1　学习内容及目标

序号	模块体系	内容及目标
1	业务拓展	（1）软件中通风系统共有：送风、排风和回风三种，但常用的通风系统一般有送风、回风、新风、排风、排烟等系统 （2）在通风系统中，除直管外通风管由弯头、来回弯、变径弯、三通、四通等管件按工程实际需要组合而成，起到不同情况的连接作用。学会各种管件的连接处理，有助于精准建模
2	任务目标	（1）完成首层风管的绘制及编辑 （2）完成本项目通风系统管件的布置 （3）完成风管的连接处理、隔热层及内衬的设置
3	技能目标	（1）掌握绘制风管和编辑风管的方式 （2）掌握使用"风管管件"命令创建布置风管管件 （3）掌握绘制"软风管"的方式 （4）掌握隔热层及内衬的添加方法

完成本节对应任务后，整体效果如图 5-2-1 所示。

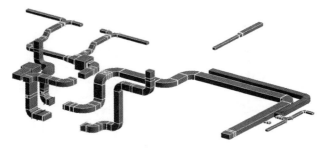

图 5-2-1　整体效果图

二、任务实施

（一）风管的绘制与属性调整

1. 风管的绘制

打开"机电工程-轴网绘制"项目文件，双击"项目浏览器"→"视图"→"建模"→"通风"→"楼层平面"→"1-通风"视图，如图 5-2-2 所示，在该平面视图中，寻找一处空白无轴网位置用于学习风管绘制，如图 5-2-3 所示。

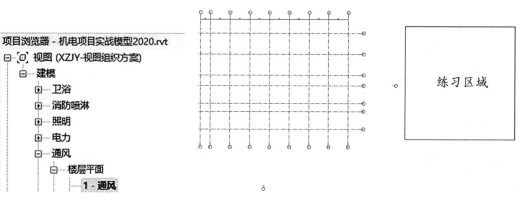

图 5-2-2　切换视图　　　　　　　　　　　图 5-2-3　指明区域

　　设置风管参数。单击"系统"选项卡下"HVAC"中的"风管"命令，在"属性"面板中单击风管类型名称，在弹出列表中选择"MC-矩形风管"，再定义其风管"系统类型"为"回风管"，"水平对正"为"中心"，"垂直对正"为"中"，"参照标高"为"1层"。再在选项栏中定义绘制尺寸，"宽度"为"400"，"高度"为"200"，"中间高程"为"2500"，如图 5-2-4 所示。

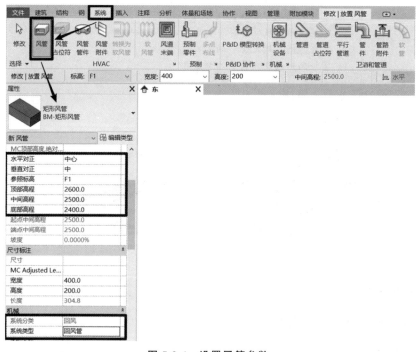

图 5-2-4　设置风管参数

　　（1）水平方向风管的绘制。
　　1）绘制单段直管段水平风管。此处介绍三种方法。

　　第一种方法：单击鼠标左键确定矩形风管起点，向右移动鼠标一段距离后，再次单击鼠标左键，即可绘制出一段尺寸为"400×200"（单位为 mm）、风管中心距标高"F1"高 2500mm 的"回风"风管。

　　第二种方法：在确定风管起点后，输入长度数值来创建一段风管（单位为 mm）。

　　第三种方法：任意绘制一段水平风管，单击"Esc"键取消绘制状态并将所绘制风管选中，修改临时尺寸标注来修改风管长度，结果如图 5-2-5 所示。

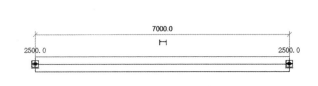

图 5-2-5　绘制单段直管段水平风管

　　2）绘制多段水平风管。

　　在平面图中，继续单击"风管"命令进行绘制。在绘制风管状态下（选项栏中"偏移"应为 2000），鼠标左键单击垂直管段中心处，在出现圆形和 X 形重叠的图形时（管道连接点）即可单击左键确定风管起点，向右侧移动鼠标一定距离后再次单击左键，确定这一段管段终点，然后鼠标向下移动一段距离单击左键绘制一段弯折管段，此时无论任何一个角度都可以完成绘制，如图 5-2-6 所示。

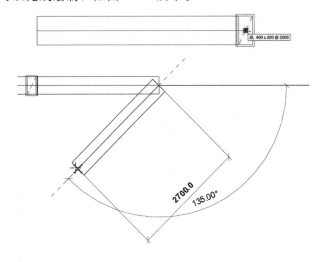

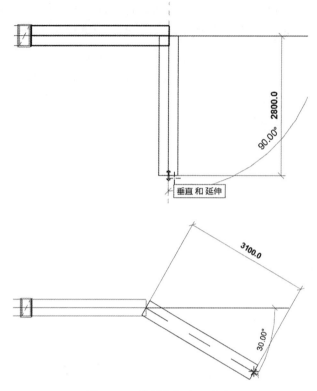

图 5-2-6　绘制多段水平风管

3）绘制三通四通。

取消绘制状态，再次单击"风管"命令进行绘制。打开"自动连接"命令，绘制一段风管，其风管终点放置在已有风管中心，与风管垂直并且高程相同的情况下，会自动形成三通连接件，与原风管进行连接。再绘制一段风管，同样与原有风管垂直，但要穿过原有风管一定距离与原有风管相交，高程相同的情况下，会自动形成四通连接件，与原风管进行连接，结果如图 5-2-7 所示。

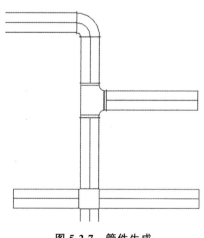

图 5-2-7　管件生成

（2）垂直风管的绘制。

1）在平面图上绘制垂直风管。将上一步骤绘制成果删除，并按照上一步骤重复绘制一次，在未单击"Esc"键取消连续绘制状态时，修改选项栏中"偏移"参数后的数值为"2000"，然后单击"应用"按钮两次，此时风管连续绘制位置将生成一段垂直向下的垂直管段，平面如图5-2-8（a）所示。切换视图进入"南立面"，如图5-2-8（b）所示。

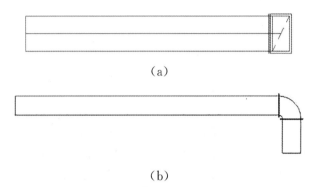

（a）

（b）

图 5-2-8　在平面图上绘制垂直风管

2）在立面图上绘制垂直风管。切换视图进入"南立面"视图，选择"风管"命令，单击鼠标左键确定风管起点，向上拖拽鼠标单击确定风管终点，即可绘制一段垂直风管，如图5-2-9所示。

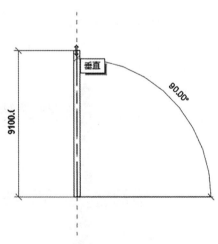

表 5-2-9　在立面图上绘制垂直风管

（3）有坡度风管的绘制。

1）选择"风管"命令，在平面图上绘制一段水平风管。退出绘制风管命令，单击绘制的水平风管，风管两端显现风管起点终点高程值，鼠标左键单击任一端点高程值即可修改高程值。例如选择终点高程值，将"2500"修改为"4000"，切换视图到"南立面视图"，可得到一段有坡度风管，如图5-2-10所示。

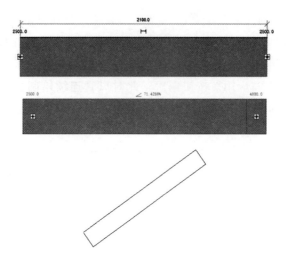

图 5-2-10　有坡度风管直接绘制

2）若有坡度风管需要与不同高程的水平风管相连接，可在立面图中用"修改"选项卡的"修剪/延伸为角"命令将风管连接，结果如图 5-2-11 所示。

图 5-2-11　有坡度风管连接

3）若模型中风管过多，可利用剖面绘制倾斜带坡度的风管。绘制剖面在风管有坡度管段的一侧，并调整视图范围在风管附近，如图 5-2-12 所示。

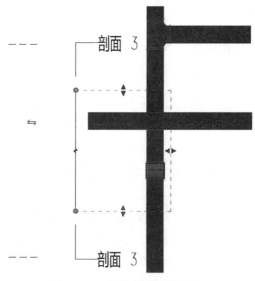

图 5-2-12　调整剖面视图范围

进入该剖面视图中（取消选择状态下，双击蓝色剖面名称，例如双击"剖面 3"蓝色字体位置，或在项目浏览器找到"剖面3"并双击），删除自动生成的垂直风管，拖拽不同高程的风管向后一段距离，然后对风管端点单击鼠标右键，在弹出菜单中选择"绘制风管"选项（此方式在平面视图中也可使用，便于快速绘制相同尺寸、高度的风管），如图5-2-13所示（注意：调整剖面视图的视图实例属性"详细程度"为"精细"才能正常显示风管尺寸）。

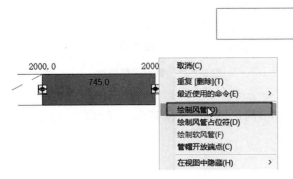

图 5-2-13　使用端点选项

此时自动进入绘制风管状态，鼠标在另一高程的风管端点上单击左键即可完成有坡度风管的创建，过程如图5-2-14所示。通过此种方式创建的风管管段有可能与平面中导入图纸的图示位置不一样，最后在平面视图中通过"移动"命令分别移动两个高程处弯头管件位置即可。

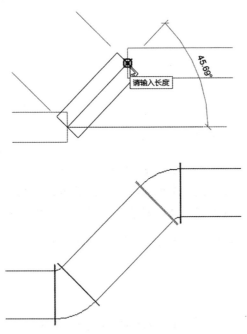

图 5-2-14　剖面绘制斜风管

以上我们逐一介绍了水平方向风管的绘制、垂直风管的绘制和有坡度风管的绘制，其中，绘制过程中三通、四通等各管件的自动生成是根据在风管"类型属性"中"布管系统配置"中设置内容自动生成的。

2. 属性的调整

以上内容中，有部分属性需要再次着重说明，即绘制风管时风管实例属性中"约束"属性分组下的"水平对正""垂直对正""参照标高"和"偏移"，如图5-2-15所示。

水平对正	中心
垂直对正	中
参照标高	F1
偏移	2000.0

图 5-2-15　重要实例属性

（1）水平对正有中心、左、右三个可选项，不同的可选项对应在绘制时鼠标相对于风管在平面中的相对位置不同，如图5-2-16所示。同时在绘制变径风管时，对管件也有影响，如图5-2-17所示。

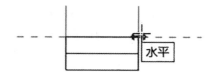

图 5-2-16　对正调整的鼠标位置

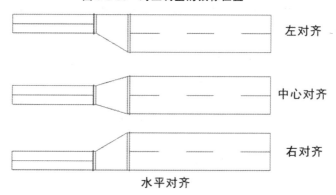

图 5-2-17　水平对齐时变管径效果

（2）垂直对正有中、底、顶三个可选项，不同的可选项对应在绘制时鼠标相对于风管在立面高度中的相对位置不同，同时对绘制变径风管时也有影响。如图5-2-18所示。

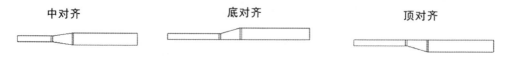

图 5-2-18　垂直对正时变管径效果

（3）参照标高及偏移。"参照标高"是风管绘制时所放置的高度参照，当"偏移"为"0"时，风管以"垂直对正"为准，将风管高度方向上的顶、中、底放置在"参照标高"上。如图5-2-19所示。

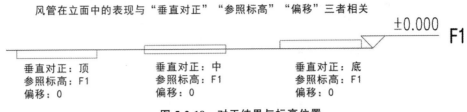

图 5-2-19 对正结果与标高位置

（二）风管管件的布置

1. 布置风管管件

管件的主要生成方式有两种：一种是在绘制管道过程中因交叉、转向等操作自然生成（根据"布管配置"生成），根据不同的绘制方式，生成对应类型的管件，如交叉的"三通""四通"；另外一种方式是单击"风管管件"命令后选择合适类型，直接放置到绘图区域中。

下面以布置首层 E 轴与 F 轴之间某处三通为例，采取第一种方式介绍风管管件的布置方式，此处内容需要结合下一部分内容互相联系，才方便理解和操作。

（1）将已生成的过渡构件及细风管和弯头一同删除，如图 5-2-20 所示。再以延长长度将宽风管两端端点向前后拖拽，为生成的管件留出空间（建议首先将图纸隐藏，以免拖拽端点时捕捉到图纸导致风管端点向下与图纸对齐）。完成后结果如图 5-2-21 所示。

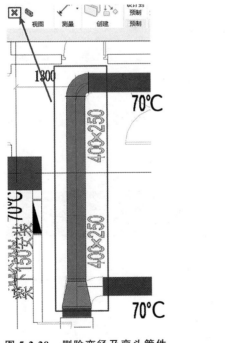

图 5-2-20 删除变径及弯头管件

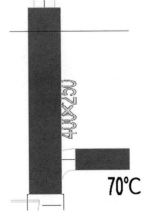

图 5-2-21 删除管件结果

（2）单击右侧风管端点，将其拖拽至竖向宽风管上，以形成三通构件。再单击"修改"选项卡下"剪贴板"面板中"匹配类型属性"命令（快捷键"MA"）。激活命令后，单击原弯头处细风管一次，以该风管相关属性作为模板再单击临近位置竖直方向的风管，将模板的属性覆盖到所选的风管上。结果如图 5-2-22 所示。

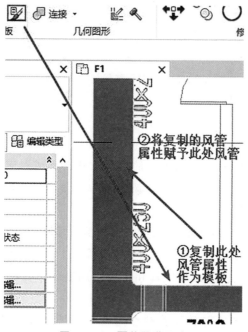

图 5-2-22　覆盖风道尺寸

（3）单击"修改"选项卡下"修剪延伸为角"命令，再分别单击原弯头处两个风管，使其相交生成弯头，如图 5-2-23 所示。

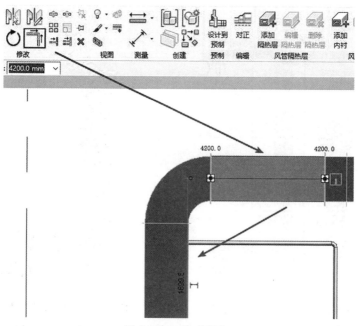

图 5-2-23　生成弯头

（4）选择三通构件，单击"类型选择器"，将其更换为如图 5-2-24 所示构件即可，然后将未连接的风管与三通进行连接。此时，风管构件平面显示基本与图示一致。

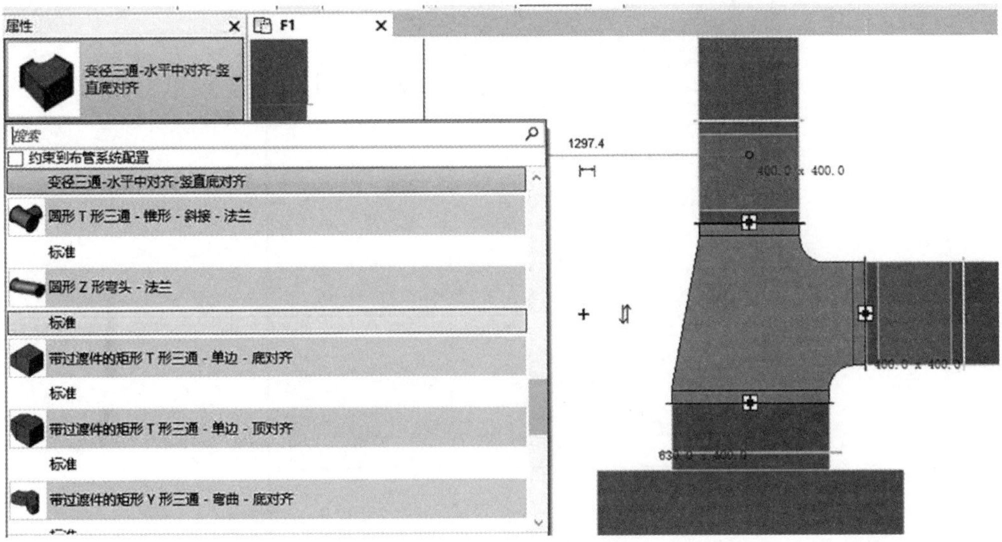

图 5-2-24　更换管件类型

（5）同时自动绘制生成的管件其构件底部高程与风管高程一致，无须再调整。而通过单击放置的构件，放置时还需要计算偏移高度（该属性在实例属性中），管件一般放置时是以中心对正（垂直或水平均是），因此一般情况下在绘制生成后再修改构件比较合适。参考以上方法，将其他位置的管件进行修改、删除、编辑以符合图纸显示。

2. 调整风管管件

（1）在绘制风管过程中，结合不同位置，需要生成不同类型的弯头、三通、四通等连接部件，但有时自动生成的连接部件与图纸显示不一致，往往需要根据不同情况灵活地对弯头、三通、四通进行调整。以首层某处排风管道弯头调整为例，绘制管道自动生成弯头如图 5-2-25 所示。

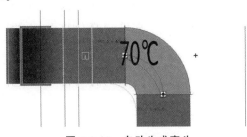

图 5-2-25　自动生成弯头

（2）选中此矩形弯头，"属性"面板类型选择器的下拉菜单中将"0.7W"切换为"1.0W"，如图 5-2-26 所示。

图 5-2-26　调换弯头类型

（3）替换完成后，与图纸类型保持一致，如图 5-2-27 所示。

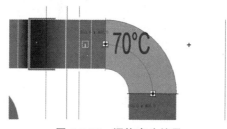

图 5-2-27　调换弯头结果

（4）结合不同位置，需要生成不同类型的弯头、三通、四通等连接部件，可以根据布置完成的构件手动修改为其他类型的管件，如将三通改为四通，选择三通管件后，在三个接口已经连接的情况下，单击"＋"即可调整为四通，如图 5-2-28 所示。

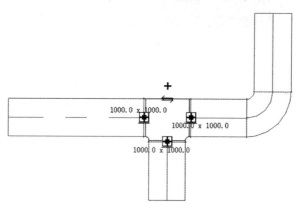

图 5-2-28　管件热点

（5）选择放置未连接的风管管件，进入"修改｜风管管件"上下文选项卡，单击"布局"面板中的"连接到"命令，在弹出对话框中选择连接接口后，再单击已有管道（不论风管方向垂直或水平，相对管件均可），此时软件将自动计算连接方式以连接管道及管件，如图 5-2-29～图 5-2-31 所示。若软件无法完成，则会弹出警告，可以选择手动连接的方式解决，如图 5-2-32 所示。

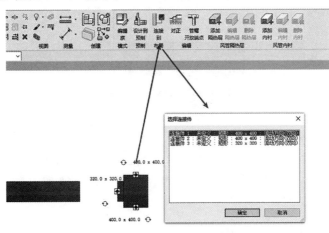

图 5-2-29　管件连接到管道

图 5-2-30　管件口 1 连接到风管

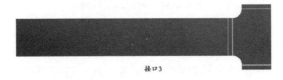

图 5-2-31　管件口 3 连接到风管

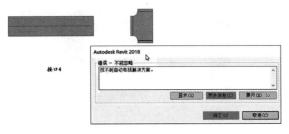

图 5-2-32　连接警告

（三）绘制风管的放置工具

在平面视图中，单击"风管"命令时会自动跳转到"修改｜放置 风管"上下文选项卡，在其中可选择"放置工具"，"放置工具"包括"对正""自动连接""继承高程""继承大小"四项，如图 5-2-33 所示。

图 5-2-33　自动连接命令

1. 对正

单击"对正"，即弹出"对正设置"对话框，其中"水平对正"和"垂直对正"与上一部分中的对正相关属性效果一致。"水平偏移"属性则是基于"水平对正"的定位基础上，再额外有一些位置平移，偏移的数值可自行设定。设置效果如图 5-2-34 所示。

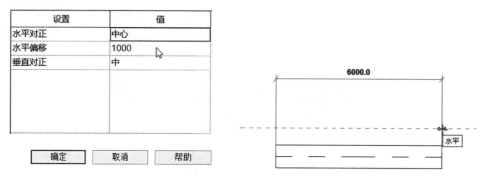

图 5-2-34　风管对正调整

2. 自动连接

"放置工具"选项卡中的"自动连接"命令，用于某一段风管开始绘制或结束绘制时自动捕捉相交风管，并添加风管管件完成连接。这一选项是默认选中的，如绘制两段正交风管，将自动添加风管管件完成连接。如图 5-2-35 所示。

图 5-2-35　风管自动连接生成管件

3. "继承高程"和"继承大小"

"继承高程"和"继承大小"不是默认选中的。如果选择"继承高程"，新绘制的风管将继承与其连接的风管或设备连接件的高程（参照标高和偏移设置与前一段高程不一致，同时此项只有在"垂直对正"为"中"时才有效）。如图 5-2-36 所示。如果选"继承大小"，新绘制的风管将继承与其连接的风管或设备连接件的尺寸（新绘制的风管尺寸与前一段不一致时，自动更改为前一段的风管尺寸）。

需要注意的是，选择"继承高程"时，无论风管起点是否在已有管段上，当与原有管段相交或连接时均会默认跟随已有管段的高程；选择"继承大小"时，只有起点与原有管段相交或连接时才有效果。

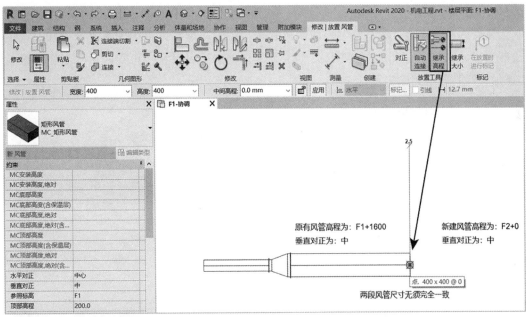

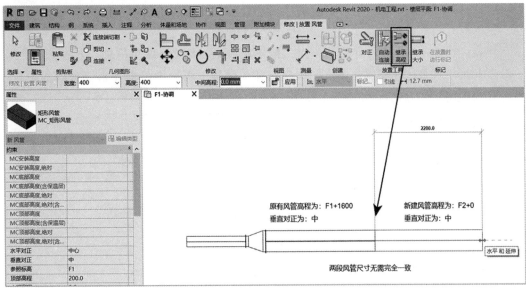

图 5-2-36　继承高程使用效果

（四）隔热层及内衬添加

1. 隔热层的添加

风管的隔热层需要选中已绘制完成的风管进行添加，绘制过程中无法提前添加。根据"施工说明及图纸目录"中"二、管道、风道材料及做法"的"3.保温"关于"空调新风管"的材料及厚度描述，设置"隔热层类型"与"厚度"信息（关于隔热层类型的新建可以参考第三章第五节"风管隔热层设置"，此处不再赘述），完成后单击"确定"即可。设置结果如图 5-2-37 所示。

2. 内衬的添加

风管的内衬需要选中已绘制完成的风管进行添加，绘制过程中无法提前添加。选中绘制完成的风管，进入"修改│风管"上下文选项卡，可以在"风管内衬"面板中进行"添加""编辑""删除"风管内衬，如图 5-2-38 所示。

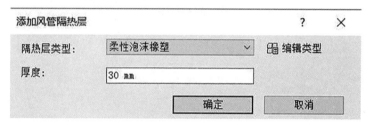

图 5-2-37　可添加的内衬类型

图 5-2-38　内衬命令

单击"添加内衬"命令，即可设置"隔热层类型"与"厚度"信息，方法与隔热层一致，此处不再赘述。完成后单击"确定"完成添加（图纸中信息并未要求添加内衬，此处仅为说明添加方式），如图 5-2-39 所示。

图 5-2-39　可添加的内衬类型

（五）软风管的绘制

软风管的绘制与"风管"绘制方法一致，但绘制结果不同。单击"系统"选项卡下的"软风管"命令，单击左侧"属性"选项板中的"编辑类型"，在弹出的对话框中可以观察到与"风管"类型属性有所不同，默认提供"矩形软风管"和"圆形软风管"两种，如图 5-2-40 所示。

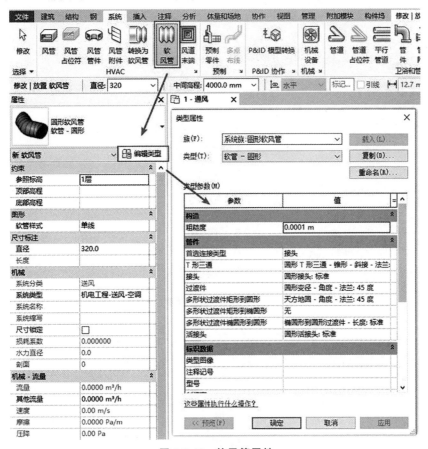

图 5-2-40　软风管属性

　　结合"自动连接"放置工具，在选项栏中设定"宽度""高度""偏移"等数值（软风管无垂直及水平对正设置，默认均为中心），即可在绘图区进行绘制，绘制方式与"风管"命令基本一致，但绘制结果不同（图纸信息中并未要求绘制软风管，此处仅为命令说明）。

（六）绘制工程案例风管

　　（1）删除上一部分中所绘制的练习风管，进入"项目浏览器"下"楼层平面：1-通风"视图中，如图 5-2-41 所示。在"插入"选项卡下选择"链接 CAD"载入"一层通风空调平面图"，调整图纸轴网与软件中绘制的轴网对齐。接下来需要绘制空调机房处送风管，该空调机房在平面图上 E 轴～F 轴与①轴～②轴之间，将平面视图窗口移动到此处并放大观察，如图 5-2-42 所示。

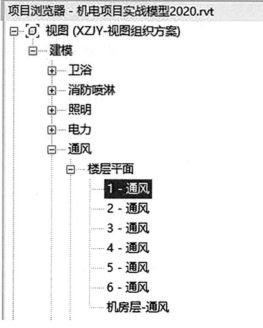

图 5-2-41　切换视图

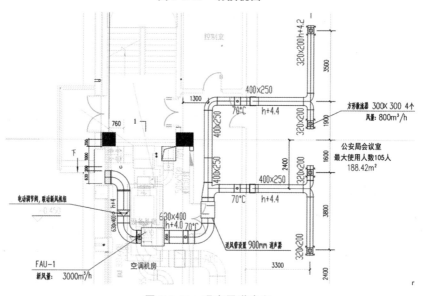

图 5-2-42　观察风道走向

（2）打开"设计说明及图例"图纸，查找其中图例内容，熟悉不同设备在平面中的表达图例；继而打开"施工说明及图纸目录"图纸，查阅其中"二、管道、风道材料及做法"相关内容可知空调材料为"镀锌钢板"；再"设备表"图纸，查阅其中设备相关名称；"机房层通风平面图"是机房平面图制作时的参照。

（3）接下来进行矩形风管的绘制。根据图 5-2-43 所示信息，首先绘制"FAU-1"设备的右侧风管。图纸中，该风管信息为"630×400""$H+4.0$"，前者为风管尺寸信息，

后者为风管高度信息，其中高度信息参照"机房层通风平面图"可确定其定位基准为
"底"，如图 5-2-44 所示。

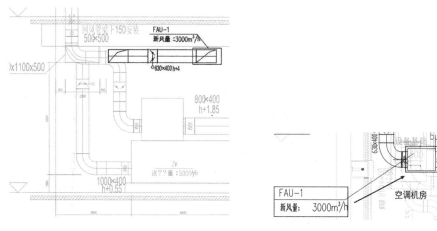

图 5-2-43 风机高度   图 5-2-44 风机位置

（4）根据上一步骤信息，于绘制风管为"BM-矩形风管-送风"类型状态下，在选项
栏处设置"宽度"为"630"、"高度"为"400"、"底部高程"设置为"4000mm"，在左
侧属性选项板中设置"系统类型"为"送风管"，"垂直对正"为"底"，结果如图 5-2-45
所示。

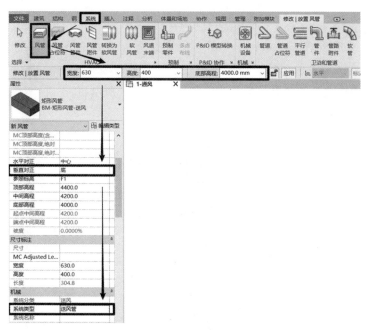

图 5-2-45 设置风管属性

（5）描图绘制"AFU-1"设备后风管，鼠标左键单击图示中心线位置，注意避开
"风管软接"区域，然后直接经过"70℃防火阀"，向上绘制到"消声器"处，如果不易
捕捉风管中心线，可以先按照边线绘制，绘制到设备边缘处停止即可，如图 5-2-46

所示。

（6）选择"修改"选项卡下"对齐"命令，单击选择图纸上风管边线为目标，然后单击绘制的风管构件边线，将风管位置与图中位置对齐，结果如图 5-2-47 所示。

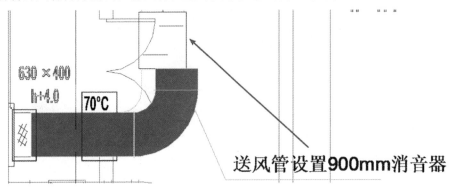

图 5-2-46　绘制风管生成弯头

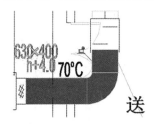

图 5-2-47　风管对齐结果

避开"送风管设置 900mm 消声器"所在位置，在设备另一端继续绘制一小段"630×400""底"对齐的风管。根据图纸信息，修改风管尺寸为"400×250"，然后向上绘制将风管端点放到拐角处。完成后效果如图 5-2-48 所示。

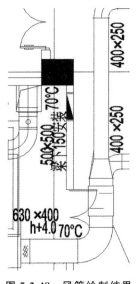

图 5-2-48　风管绘制结果

（7）绘制过程中，结合"对正""自动连接""继承高程""继承大小"等放置工具自拐角处绘制水平向风管，过程中注意高度变化，在变化位置后修改偏移为图示高度，然后直接绘制到前方风管三通处即可，如图 5-2-49 所示。

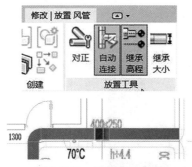

图 5-2-49　风管高度变化

（8）将风管位置对齐至导入图纸的图示位置，对齐方式参照前述此处不再赘述。继续绘制风管，根据合理性考虑，此处高程不再做更改，延续 4400mm 的高程即可。当风管相交时，自动生成三通管件，如不连通，随后将水平向风管端点拉扯到垂直向风管的中线或边线位置也可自动生成管件。同时，注意调整"宽度""高度"内容的更改，绘制结果如图 5-2-50 所示。

图 5-2-50　三通风管绘制

（9）绘制下方与其平行但方向相反的风管部分，方式与拐角处风管一致，此处三通修改方式在之前已有讲述，此处不再赘述。完成后如图 5-2-51 所示。

（10）结合"机房层平面图"中"新风机房 1-1 剖面图"，在图示位置同样画一个剖面视图，通过平面绘制风管，以剖面确认、调整高度的方式将剩余部分绘制完成即可，同样应注意在这个过程中"风管类型"的调整。完成过程及结果如图 5-2-52～图5-2-55 所示。

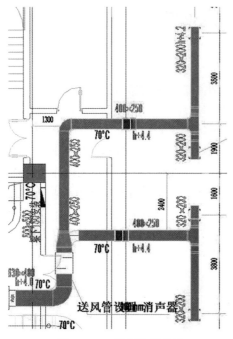

图 5-2-51　风管绘制成果

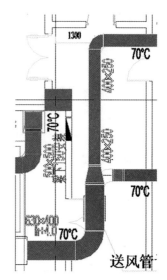

图 5-2-52　送风管三通连接

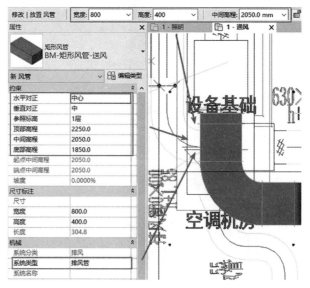

图 5-2-53　排风管绘制

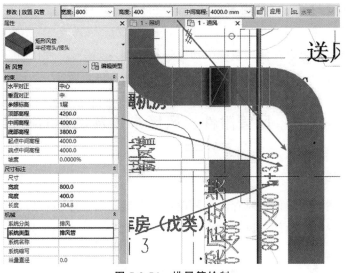

图 5-2-54　排风管绘制

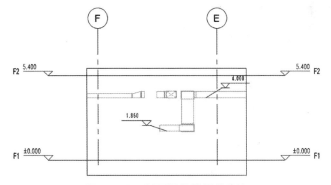

图 5-2-55　剖面调整排风管高度

（11）结合"机房层平面图"中"新风机房 1-1 剖面图"以及平面中导入的图纸中的风管位置，将本层剩余位置不同系统、不同高度的风管全部绘制完成。过程中如有位置相同但高度不同的风管，将其上方的风管选中后使用视图控制栏中"临时隐藏"（选中风管后，快捷键"HH"）命令将其隐藏，绘制低处风管完成后再取消隐藏即可（快捷键"HI"）。命令位置如图 5-2-56 所示。

图 5-2-56　隐藏构件

三、操作说明

（1）注意风管的尺寸及偏移设置方法，以及系统的设定。

（2）注意风管的隔热层及内衬需要选择已绘管道才可以进行添加、编辑、删除等操作。

（3）注意软风管可直接使用系统中功能进行绘制，如果有个别绘制成风管而非软风管，可以选中风管后，单击使用"转换为软风管"命令进行转换。

第三节　风管附件、风管末端及设备的布置

一、章节概述

本节主要阐述风管附件、风管末端及设备的布置，通过本节内容的学习，重点需要掌握如何进行布置风管附件、风管末端及设备相关内容，熟悉相关操作。具体学习内容及目标见表 5-3-1。

表 5-3-1　学习内容及目标

序号	模块体系	内容及目标
1	业务拓展	（1）在通风系统中，风管上一般还会存在闸门、过滤器、清扫口、软接头、消声器等附件。其中常用的闸门有插板阀、蝶阀、多叶调节阀、圆开瓣式启动阀、空气处理室中旁通阀、防火阀和止回阀等。掌握附件的布置方法是通风系统建模的必备技能 （2）风道末端一般需要布置风口、格栅、散流器等 （3）在通风系统中，通风设备一般包括风机盘管、风机、空调机组等不同设备
2	任务目标	（1）完成本项目通风系统附件的布置 （2）完成本项目通风系统末端及设备的布置
3	技能目标	（1）掌握使用"风管附件"命令创建布置附件 （2）掌握使用"风道末端""机械设备"命令创建布置风管末端及设备 （3）掌握使用风管管件"连接到"命令

完成本节对应任务后，整体效果如图 5-3-1 所示。

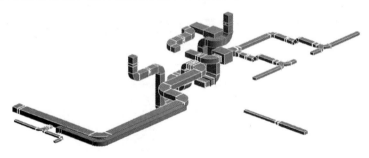

图 5-3-1　整体效果图

二、任务实施

在 Revit 软件中提供了"风管附件""风道末端"及"机械设备"命令，可直接选取进行布置。

（一）风管附件的布置

1. 布置风管附件

（1）以布置首层 E 轴与 F 轴之间③轴左侧"70℃防火阀"附件为例。单击"风管附件"命令，在"类型选择器"中选择载入的附件族，将防火阀根据图纸信息放置在风管管段上。如图 5-3-2、图 5-3-3 所示。

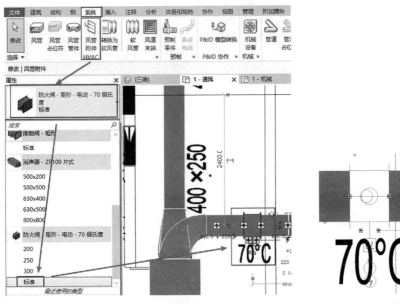

图 5-3-2　放置附件　　　　　　　　图 5-3-3　放置效果

（2）初次放置附件，其大小和位置并不一定准确。可按"Esc"键取消放置状态，选中附件，单击键盘上的方向键进行位置上的修正，或者修改"视图控制栏"中"视觉样式"为"线框"，如图 5-3-4 所示。再单击选中附件后使用"移动"命令，以附件边界中心为移动基点，以图纸上风阀边界中心为移动目标，将附件与图示风阀中心对齐。

图 5-3-4　调节视图显示

移动完成后，再选择风阀，单击"编辑类型"按钮修改其类型属性"风阀长度"为"300"以符合图示长度，操作如图 5-3-5 所示。

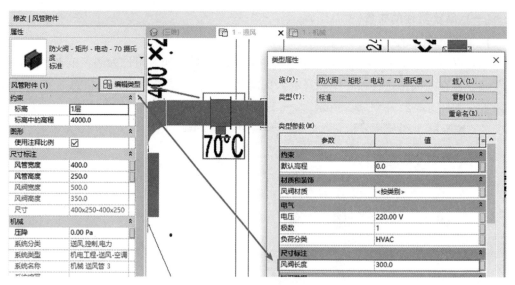

图 5-3-5　调节尺寸

注意：附件为可载入族，应注意不同的可载入族的差异性，例如其他可载入族的长度属性可能在实例属性中，因此针对不同可载入族，应注意检查其属性。

2. 调整风管附件

（1）调整风管附件放置方向。

风管附件布置完成后，当放置方向不正确时，可以通过"旋转"或"翻转"附件进行调整。在视图中（任何视图均可），选中需要调整的附件，单击"旋转"热点（两个首尾成环相连的箭头）按钮进行垂直方向的调整；也可以使用"翻转"管件命令（交互的箭头）对管件进行水平方向的调整。如图 5-3-6 所示。

注意：该族在二维视图中"视图精细程度"设置为"粗略"或"中等"时显示为平面表达的线框图例，设置为"精细"时，显示为该族原本样式，与三维视图中显示一致。

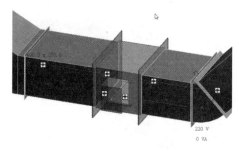

图 5-3-6　三维精细显示

（2）"连接到"命令。风管附件的布置调整可以结合"连接到"命令进行应用。操作方式同风管管件。

（3）结合图纸中图例及文字说明位置和"设计说明及图例"中图例相关内容，两者对比，完成其他位置风管附件的布置及调整。

（二）风管末端的布置

1. 布置风管末端

（1）以布置首层③轴左侧到 F 轴上侧区域的散流器为例。单击"风道末端"命令，在左侧"属性"选项板中单击"类型选择器"下拉箭头，在弹出列表中选择符合图纸要求的末端，如图 5-3-7 所示。

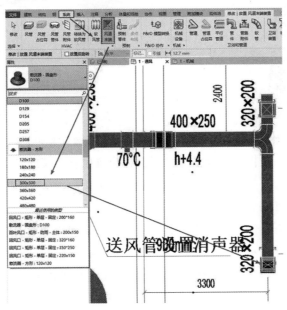

图 5-3-7　放置末端

（2）因图纸中缺少散流器高度信息，所以将偏移值预设为"3000"，再参考图中散流器位置单击已有风道对应位置，将末端布置到风管上，如图 5-3-8、图 5-3-9 所示。

图 5-3-8　末端设置

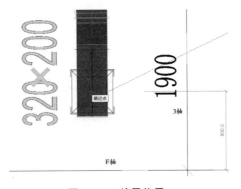

图 5-3-9　放置位置

（3）以默认方式放置时，会生成一条向下的垂直管道，以连接末端到风管，放置成功后三维视角如图 5-3-10 所示，平面视角如图 5-3-11 所示。可选中弯头，单击键盘的方向键，或者使用"移动"命令移动散流器使其对准导入图纸中显示的位置（建议"视图显示样式"为"线框"时移动）。

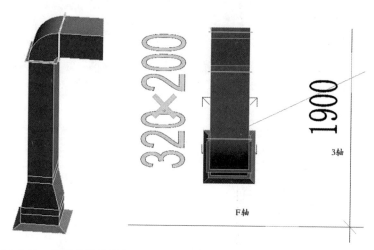

图 5-3-10　放置三维效果　　　　　**图 5-3-11　放置平面效果**

（4）结合导入图纸及图例，完成本项目其他位置风管末端的布置。

2. 连接风管末端

（1）将风道末端连接到风管上。

放置风道末端时有可能识别不到风管，导致风道末段虽然放在风管下，但未连接到风管。此时可以选择未连接的"风管末端"，使用"修改 | 风道末端"上下文选项卡中"布局"中的"连接到"命令，将风道末端与已有管道进行连接，如图 5-3-12、图 5-3-13所示。

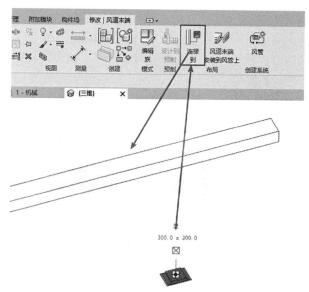

图 5-3-12　放置时未连接

图 5-3-13　放置后连接

（2）将风道末端安装到风管上。

当风道末端需要在已有管道表面上布置时，选择"风道末端"命令进入"修改｜放置风道末端装置"中"风道末端安装到风管上"命令，可以直接在风管上添加风道末端，在平面视图放置风道末端时，鼠标位置决定其添加到的位置，如图 5-3-14、图 5-3-15所示。

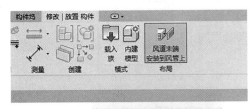

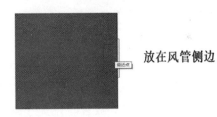

图 5-3-14　安装到风管上

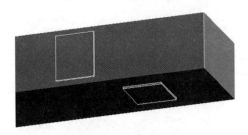

图 5-3-15　安装结果

结合图纸内容，如果有风道末端需要放置在风管下或侧边，可根据上述内容完成图纸要求。

（三）通风设备的布置

1. 布置通风设备

通风设备一般需要单独放置，根据导入图纸的图示信息放置在指定位置后，可以引出管道或与已有管道进行连接。

（1）以 E 轴到 F 轴之间和①轴相交处右侧为例，放置"ZK"设备（为直膨式组合式空调机组，信息来自"一层通风空调平面图"和"设备表"）。单击"机械设备"命令，在"类型选择器"中选择"ZK 风机"，设置"主体中的偏移"为"300"（信息来自"机房层通风平面图"中"新风机房 1-1 剖面图"），然后在绘图区域中单击鼠标左键放置到导入图纸所示设备位置，并以图纸图示边线为准，将放置的构件边线对齐，如图 5-3-16 所示。

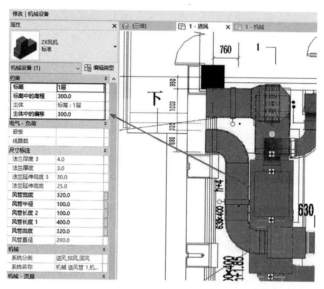

图 5-3-16　放置构件

（2）布置完成的设备可以通过"创建管道"热点、"连接到"命令进行管道连接，如空调机组"FAU-1"，放置时设置"偏移"为"3950"，放置到图示位置并选中后，显示如图 5-3-17 所示。

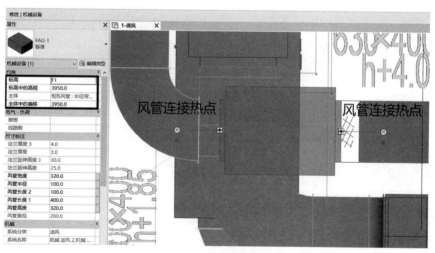

图 5-3-17　放置结果

（3）单击"创建管道"热点（方框中有对角交叉线的图标）即可创建风管，风管尺寸可在"选项栏"中设置，注意应与两边要连接的风管尺寸一致，如图 5-3-18 所示（图中会遮挡影响设备的风管、设备已被隐藏）。

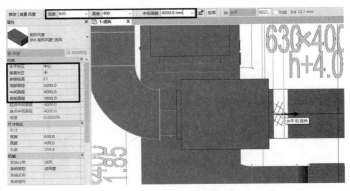

图 5-3-18　新建风管方向

（4）单击"FAU-1"空调机组，选择"连接到"命令，再单击要连接的风管，此时弹出警告，这是由于默认生成的管件太大，布置空间不足，软件计算认为无法放置。如图 5-3-19、图 5-3-20 所示。

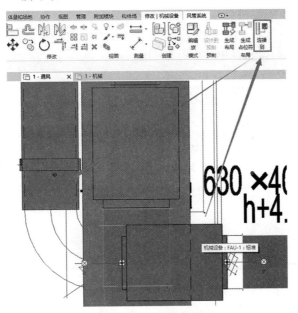

图 5-3-19　连接风管

图 5-3-20　连接警告

（5）再次单击设备，选择"连接到"命令，再选中要连接的风管，风管即可连接成功。完成后发现自动生成的弯头与图示尺寸、弯曲程度不符，这时选中该弯头，修改其为"矩形弯头 - 弧形 - 法兰：1.0 W"即可，如图 5-3-21 所示。

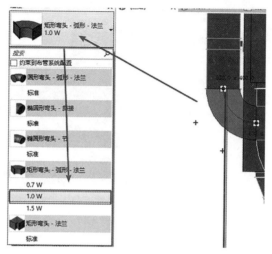

图 5-3-21　调节管件

2. 调整通风设备

（1）通风设备方向的调整。通风设备布置完成后，当放置方向不正确时，可以通过按空格键进行调整，但已与管道连接时则不可调整，如图 5-3-22 所示。

图 5-3-22　构件方向调整

（2）"连接到"命令。通风设备的布置调整可以结合"连接到"命令进行应用。操作方式同风道末端。

（3）结合导入图纸内容，完成其他位置通风设备的布置及调整。

三、操作说明

（1）注意风管附件、风道末端及通风设备的布置方法。

（2）注意风管附件、风道末端及通风设备的调整方法与应用。

（3）根据实际情况使用"连接到"或"创建风管"热点方式创建与设备连接的风管。

（4）注意风管附件均为可载入族，应注意该族类的特殊性。

（5）注意设备高度及设备上的风口高度对连接处风管高程的影响。

扫码获取作业解析

第十二天

黑发不知勤学早，白首方悔读书迟。

今日作业

简答题：

1. 绘制风管时，意外选错风管系统，但在模型全部绘制完成后才发现这一错误，应当如何修改？

2. 绘制风管时，刚绘制完成的一段风管在平面视图中消失不见，应检查哪几项设置使其可见？

3. 风管截面样式在何处修改？

4. 将风管选中后隐藏，原处仍保留一段风管，但其无法被选中，这是为什么？

5. 空调系统的功能是什么？具体有哪几种分类？

第四节　技巧与专业拓展

一、章节概述

本节主要阐述通风工程相关的建模技巧和要点，以及相关的专业知识深度拓展，通过本节内容的学习，重点需要了解建模部分的操作技巧，并掌握部分专业知识及安装要求，熟悉相关软件操作的同时了解现场专业知识。具体学习内容及目标见表5-4-1。

表 5-4-1　学习内容及目标

序号	模块体系	内容及目标
1	业务拓展	模型创建过程中，需要时刻注意建模过程中容易出现的问题，同时也需要结合相关专业知识、现场施工步骤，使得模型更加符合实际要求
2	任务目标	(1) 了解采暖系统、通风系统、空调系统相关建模技巧及专业知识 (2) 熟记风管安装要求
3	技能目标	(1) 掌握部分采暖系统、通风系统、空调系统相关建模技巧及专业知识 (2) 熟记风管安装要求

二、任务实施

（一）建模方法

1. 暖通操作说明

（1）绘制水平风管时，如从左向右绘制，水平对正选用左对齐，沿图纸管道上边线绘制；如从上向下绘制，水平对正选用左对齐，沿图纸管道右边线绘制。反之亦反。

（2）选择风管系统时，由于对图纸不熟悉会出现选错系统的情况。在风管已经完成的情况下，可以使用"Tab"命令选中风管系统进行删除，这时仅会删除系统不会删除风管。选中风管并在属性面板中可以重新附上系统类型，或者在被删除系统的风管上继续绘制出正确系统的支管，这时整条风管均会附上系统类型。

快速确定图纸上风管的所属系统：首先，通过风机的设备编号确定；其次，通过风管风井名称确定；最后，当图纸导入Revit时，可通过Revit的"查询"命令查询图纸，操作方法为：选择图纸，单击"查询"命令，选中想要查询的图纸中风管线条即可查看到该线条所属的图层名称。

（3）绘制风管偏移量（即风管垂直对正的标高）需要先选择底（顶、中心）对齐，再设置偏移量，设置完成后绘制风管，这时风管的高程为底（顶、中心）部高程。如果已经绘制完成风管再去修改偏移量，无论对齐方式如何，风管偏移量始终都是风管中部高程。

（4）正常绘制风管是不带坡度的，如果出现坡度，可能存在以下两种情况：一种是建模方式的问题，绘制异径管道时会无故出现坡度，这时可以先绘制一条没有坡度的管，然后使用"继承高程"功能，使其满足绘制要求；另一种是风管管件的问题，在风管"类型属性"中"布管系统配置"更换带坡度的管件。

（5）绘制风管完成后在平面视图未显示风管，可能存在以下四种情况：第一，视图范围的问题，查看主要范围的剖切面偏移量是否在风管之上；第二，模型类别的问题，查看是否已勾选了风管显示；第三，过滤器的问题，查看是否在过滤器中隐藏了风管；第四，属性范围的问题，查看是否已勾选了裁剪视图、裁剪区域可见。

（6）对尺寸大小一致、系统一致的风管，可以框选风管制作成组，使用复制到其他视图的命令，例如标准层的风管。

（7）阀门放置。由于部分附件族不能自动加载至管段上，放置后需通过剖面或三维视图检查阀门或附件是否设置在正确位置上。在项目初设阶段只需绘制主要阀门，包括但不限于排烟防火阀、电动蝶阀、平衡阀、电动多叶调节阀、防火调节阀和止回阀等。

（8）机械设备放置。由于部分设备有自定义的标高属性，所以完成上述操作后需要通过剖面检查设备是否设置在正确的偏移量上。在项目初设阶段仅需绘制主要设备，包括但不限于风机、水泵、风机盘管、散热器等。

（9）风管管件弯头。由于曲率半径设置的问题，可能出现弯头与图纸大小不符，这时可以复制一个类型后更改弯头族的曲率半径。在"风管类型属性-布管系统"配置新建的弯头族，已经绘制的不会改变，需要删除后重新连接。

（10）在建模过程中，风管管件弯头偶尔会出现部分构建无法实体显示，尤其是风管 Y 形三通连接件，此时需要双击进入风管管件族，单击"族"中"取消连接几何图形"命令，重新载入项目即可。

（11）风管剖面中，系统会默认赋予管线一些符号：风管、桥架为交叉线；管道为十字线。但是由于项目不同，有的项目要求截面空空，没有任何符号；有的项目要求风管与桥架符号区分表示，如风管用斜线，桥架用交叉线。这时需要设置风管截面样式，在风管系统"类型属性"中找到"上升/下降符号"修改为"斜线"。

2. 风管建模与建造的区别

保温施工是暖通施工过程中的一项十分重要的环节。进行暖通保温的技术难点在于水系统的施工，相关的监理人员要对施工方的施工程序进行严格的监管，在进行无渗试验合格以及管道试压合格后，同时顶棚龙骨的安装进行之前完成相应的保温施工。保温施工过程要保证各部位严密封闭，不得出现漏缝或者漏点，要针对容易产生质量问题的、有阀门保温层的部位设置足够的覆盖范围，保温材料与垫木要进行严密的黏结，垫木的大小要与管道的孔隙大小进行配套，严格防止凝结水滴落入而引起相应的施工质量事故。

暖通建模管道一般按图示尺寸建模，不设置管道保温层厚度，因为保温是无法选中的，不利于后期管线综合，但会预留足够的保温层位置。

（二）专业拓展

暖通系统主要包括采暖系统、通风系统、空调系统三个方面，全称为"供热供燃气通风及空调工程"。暖通空调是分户的中央空调，中央空调最大特点是通过制冷、制热、空气调节创造一种舒适的室内环境，其中采暖系统在南方比较少见，常用于北方寒冷地区。暖通空调系统施工工艺流程图如图5-4-1所示。

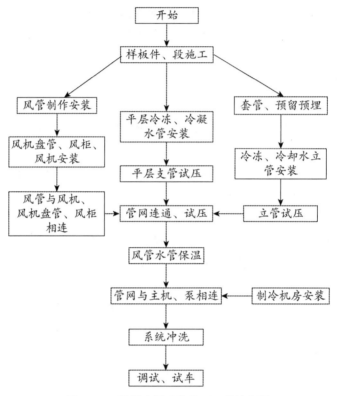

图 5-4-1 暖通空调系统施工工艺流程图

1. 采暖系统

（1）功能。

采暖系统是为了维持室内所需要的温度、必须向室内供给相应热量的工程设备，可分为电采暖、水采暖。电采暖供热系统所消耗的能量为电。水采暖是以热水为热媒，在加热管内循环流动加热地板或者暖气片，通过地面辐射传热向室内供热的方式。

（2）种类。

电采暖常见的种类有电暖气、电锅炉、电热膜、电热地板；水采暖常见的种类有暖气片、水地暖。

（3）特点。

①水采暖的优点：运行管理简单，维修费用低；供暖效果好；连续供暖，温度波动小，无噪声；管道设备锈蚀较轻，使用寿命长。缺点：散热设备传热系数低，供暖设备多，造价高；输送热媒消耗的电能多。

水采暖是民用和公用建筑的主要采暖系统形式，也用于工业建筑及其辅助建筑中。

②电采暖的优点：供暖效果好，采暖率高，比较节约能源，运行安全可靠。缺点：升温较慢，费用较高。

2. 通风系统

（1）功能。

通风系统可以用室外的新鲜空气更新室内由于居住及生活过程而污染了的空气，以保持室内空气的洁净度达到某一最低标准的水平。通风系统可分为自然通风与机械通风，包括送风系统、排风系统、防排烟系统。

（2）管材及连接方式。

管材常用的有金属风管、复合风管、高分子风管。金属风管常用的材料有镀锌铁皮和不锈钢等；复合风管使用的是无机玻璃钢材料，具有不燃、抗折、耐压、成本低的特性。连接采用法兰连接，法兰连接是将两个风管固定在法兰盘上，用螺栓固定，使风管紧密结合的可拆卸接头，特点是拆卸方便、强度高、密封性能好。

（3）特点。

风管安装时，应平直、整齐，对接平行、严密，当无法按原设计尺寸施工时，可以在保证截面积不变、宽高比无误的情况下，重新定制合适尺寸的风管，例如：当"1000×400"mm 的风管不能满足净高要求时，可以改为"1250×320"mm 的风管，空出 80mm 的垂直空间。

（4）常见阀体设备。

常见阀体设备有防火阀、电动防火阀、排烟阀、蝶阀、手动多叶调节阀、电动多叶调节阀、止回阀、天圆地方、消声器。

①防火阀：用于发生火灾时，阀门自动关闭，使通风系统关闭，阻止火势扩大，防止有毒、高温烟气通过风管蔓延。

②排烟阀：用于发生火灾时，阀门自动打开，启动排烟系统，将大量烟气排出室外，防止烟熏致死。

③蝶阀/多叶调节阀：用于调节风量。

④止回阀：用于防止风管中介质倒流。

⑤天圆地方：用于连接矩形风管与圆形风管或矩形风管与风机。

⑥消声器：用于消除设备的噪声。

3. 空调系统

（1）功能。

空调系统用于处理室内空气的温度、湿度、洁净度和气流速度，使某些场所获得具有一定温度、湿度和空气质量的空气，以满足使用者及生产过程的要求和改善劳动卫生和室内气候条件。

（2）分类。

空调系统分为集中空调、半集中空调、局部式空调。

①集中空调：即常说的中央空调，所有空气处理设备（风机、过滤器、加热器、冷却器、加湿器、减湿器和制冷机组等）都集中在空调机房内，空气处理后，由风管送到各空调房里。其主要组件有制冷机组、冷冻水泵、冷却水泵、冷却塔及空气处理机组。

②半集中空调：集中在空调机房的空气处理设备，仅处理一部分空气，另外在分散的各空调房间内还有空气处理设备。它们对室内空气进行就地处理，或对来自集中处理设备的空气进行补充再处理。其主要组件有风机盘管和新风系统。

③局部式空调：指通常使用的各种空调器。空调器将空气处理设备、风机、冷/热源等都集中在一个箱体内。分散式空调只送冷热源，而风在房间内的风机盘管内进行处理。

（3）特点。

接风机盘管、室内机的冷凝管需像重力排水管道一样，管道倾斜坡度，依靠水的自身重力排出风机盘管，必要时可以进行下翻弯。

4. 暖通相关知识拓展

（1）风管安装要求。

风管连接对接平行、严密，板面拼接咬口缝严密，宽度一致，无孔洞、半咬口和胀裂现象，并且不得有十字交叉的拼接缝。风管与法兰连接牢固，翻边平整，宽度不小于6mm。当风管宽度大于1200mm时，风管底应设置喷淋下喷。

（2）风口要求。

地下车库排风口宜设于下风向，并应做消声处理。排风口不应朝向邻近建筑的可开启外窗；当排风口与人员活动场所的距离小于10m时，朝向人员活动场所的排风口底部距人员活动地坪的高度不应小于2.5m，若非朝向人员活动场所，高度可以不必达到2.5m。防烟分区内的排烟风口距最远点水平距离不超过30m。

第十三天

人生天地之间，若白驹过隙，忽然而已。

今日作业

　　阅览图纸"S7号楼暖通-t3"中图纸"6-4-10—6-4-13"，和"S7号楼给排水"，根据图中信息回答以下问题，完成后以"暖通图纸阅读.doc"为名保存。

　　1. 空调水系统中都应用了什么管道，分别是什么材质？

　　2."S7号楼给排水"文件中涉及的管道系统有多少个？分别是什么系统？具体采用的材质是什么？

　　3. 请描述一下消防系统管道的具体走向。

第六章　采暖、给排水、消防喷淋系统建模

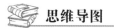 **思维导图**

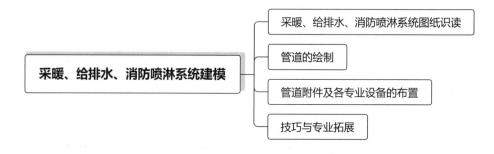

第一节　采暖、给排水、消防喷淋系统图纸识读

一、章节概述

本节主要阐述采暖、给排水、消防喷淋系统图纸识读，通过本节内容的学习，重点需要掌握快速读懂采暖、给排水、消防喷淋系统相关图纸的方法，熟悉相关操作。具体学习内容及目标见表 6-1-1。

表 6-1-1　学习内容及目标

序号	模块体系	内容及目标
1	业务拓展	图纸识读是最为基础的内容，通过阅读图纸，提取相关信息，方便在软件中创建相关构件
2	任务目标	（1）学会阅读采暖、给排水、消防喷淋系统图纸设计及施工说明 （2）学会阅读采暖、给排水、消防喷淋系统图纸中平面图 （3）学会阅读采暖、给排水、消防喷淋系统图纸中系统图及详图
3	技能目标	（1）阅读采暖、给排水、消防喷淋系统图纸设计及施工说明，并提取相关信息 （2）阅读采暖、给排水、消防喷淋系统图纸中平面图，并提取相关信息 （3）阅读采暖、给排水、消防喷淋系统图纸中系统图及详图，并提取相关信息

二、任务实施

一套完整的给排水施工图纸一般包含图纸目录及设计施工说明、图例、设备材料表、平面图、详图和系统图等。那么，具体该怎样去看懂一张给排水图纸？首先，通过

图纸目录了解图纸名称及编号；其次，对设计施工说明、图例、设备材料表进行了解，并找到相关重要信息，方便后期识图使用；最后进行读图。应先识读平面图，了解相关管段路径、尺寸及标高等信息，并结合系统图、详图进行全面理解。给排水图纸识读重难点在于系统图的识读。

（1）阅读图纸目录，了解图纸名称和图号，如图 6-1-1 所示。

图纸目录

序号	图　号	版别	图　　　　　　名	图幅
01	S-00	A	室外给排水总平面图	A1
02	S-01	A	给排水设计、施工说明（一）	A1
03	S-02	A	给排水设计、施工说明（二）	A1
04	S-03	A	给排水设计、施工说明（三）	A1
05	S-04	A	给排水图例、设备表	A1
06	S-05	A	一层消防给排水平面图	A1
07	S-06	A	二层消防给排水平面图	A1
08	S-07	A	三层消防给排水平面图	A1

图 6-1-1　部分图纸目录

（2）认真阅读设计说明和施工说明，提取有效信息；简单阅读"给排水图例及主要设备表"，方便读图过程中能快速识别设备。给排水内容较多，相对复杂，管道系统也较多，所以一般将管道系统标在管道上以缩小所占图幅，也可以将系统列在图例列表中以方便查看，如图 6-1-2 所示。

图　例

图例	名称	图例	名称	图例	名称
管道:		管道附件:		消防设施:	
── J ──	给水管	平面 ▽系统	圆形地漏	── X ──	消火栓给水管
── RJ ──	热水给水管	金属软管		── ZP ──	自动喷水灭火给水管
── RH ──	热水回水管	雨水斗		平面 系统	消防立管
─── W ────	污水管	平面 系统	清扫口	ZPL 平面 ZPL 系统	自动喷水灭火立管
─── F ────	废水管	钢制通气帽		，2，3…	消火栓引入管

图 6-1-2　部分图例

（3）此处以"一层消防给排水平面图"为例进行讲解。根据图纸目录可知，"一层消防给排水平面图"编号为"S-05"，在其图纸的右下角找到项目名称、图纸名称、图纸编号等相关信息。

（4）以"给水"系统为例进行讲解。

1）确定管道系统类型。根据管道上的标注并结合图例可知，此管道系统类型为"给水管"，如图 6-1-3 所示。

图 6-1-3　给水系统图例

2）确定管道路径。

①确定给水管引入管位置。

根据图例可知，给水引入管图例如图 6-1-4 所示。

图 6-1-4　给水管图例

在平面图中 3 轴～4 轴交 A 轴位置找到给水引入管位置，如图 6-1-5 所示。

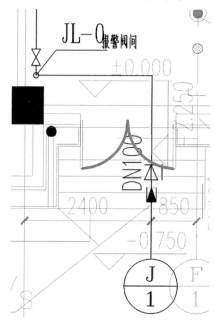

图 6-1-5　给水引入管图纸位置

②确定给水管管道路径、管径及高程。

根据一层消防给排水平面图所显示平面图纸可知，由给水引入管引入后，起始管径为"$DN100$"（单位：mm），结合系统图处得知高程为"－2.200"（单位：m），接入至"报警阀间"，向右连接至"JL-0"（给水立管 0 号），升至高程为"0.000"，如图 6-1-6 所示。

根据系统图可知，"JL-0"从"－2.200"处上升到"1.100"后有一段水平管段，结合平面图可了解到，该管段随 3 轴开始沿墙面水平向前，直到连接至"JL-1"（给水立管 1 号）处，升至高程为"4.300"（该数据可在平面图中顺延查看管道走向，观察在中间门厅处的管段上看到相关高度注释），然后开始横向穿墙进入"应急处突物资库房（戊类）"房间，出现分支管为"$DN80$"，如图 6-1-7 所示。

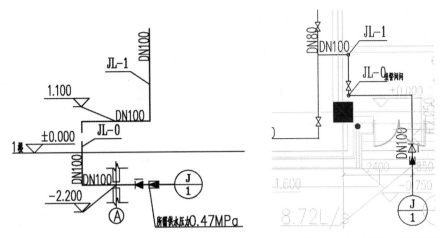

图 6-1-6 给水引入管系统图示　　　　图 6-1-7 给水引入管平面图示

其中一支水平向后并向左，连接至"JL-4"。通过系统图得知，连接至"JL-4"后，为上层建筑卫生间供水，如图 6-1-8 所示。

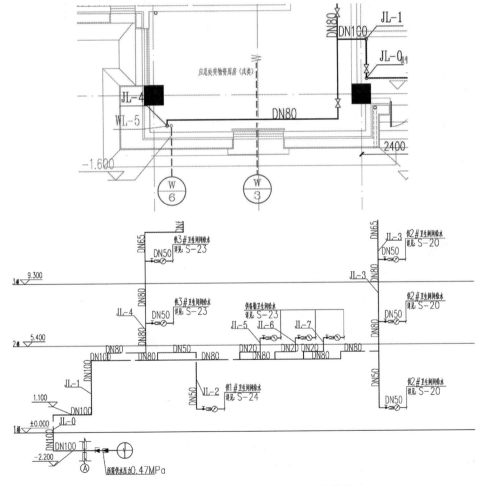

图 6-1-8 给水管道平面图走向和给水管道

　　另一支向前延伸，并在走廊位置形成新的分支。

　　一支向右向前连接至"JL-2"，管径变为"DN50"。通过系统图得知，"JL-2"（给水立管2号）是提供给"1#卫生间给水"，并提示查看详图"S-24"，如图6-1-9所示。

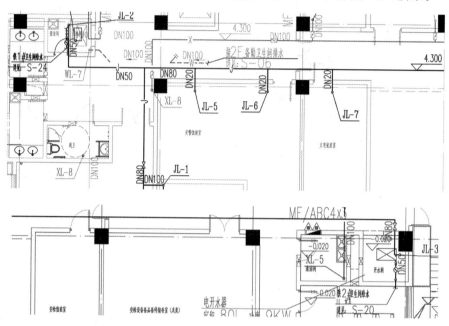

图6-1-9　给水管道走向

　　另一支向右送至一层各个房间，例如交警值班室，连接至"JL-5"和"JL-6"，送至"供备勤卫生间给水"，第一步变径管径均变为"DN80"，如图6-1-10所示。

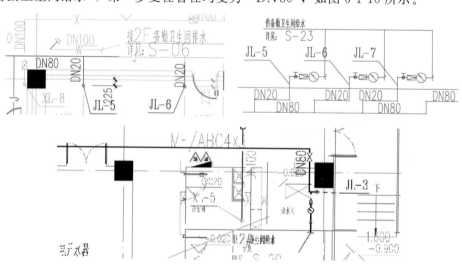

图6-1-10　平面走向与系统图对照

最终到达"2#卫生间给水"，具体可查看"S-20"详图。

（5）识读给排水、消防管时，管道附件较多，需平面图和系统图结合理解，方可将管道走势及管道附件布置情况识读完整。

（6）复杂房间，例如卫生间、机房等，一般会有单独的详图及系统图。例如一层的"1#卫生间"，通过查找结合图纸目录得知，"1#卫生间"详图在编号为"S-24"，图纸名称为"卫生间详图（七）"中，同样需要结合1#卫生间详图及系统图分别对1#卫生间给水、排水系统进行识图，识读过程可参照第（4）步。

此时需要详细阅读图纸中文字说明，提取有用信息，例如"H为本层地面标高"，如图6-1-11所示。

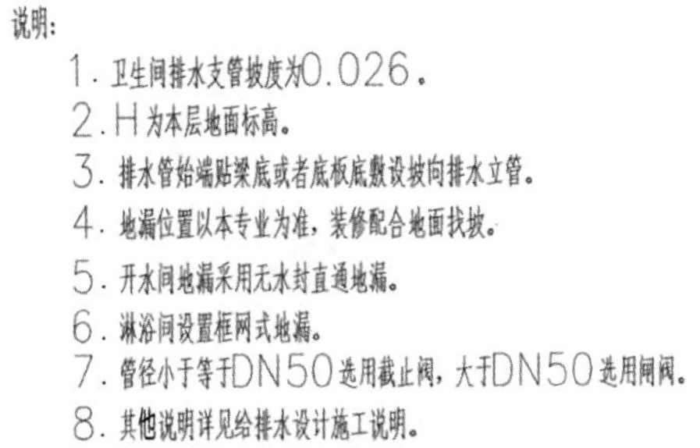

说明：
1. 卫生间排水管支管坡度为0.026。
2. H为本层地面标高。
3. 排水管始端贴梁底或者底板底敷设坡向排水立管。
4. 地漏位置以本专业为准，装修配合地面找坡。
5. 开水间地漏采用无水封直通地漏。
6. 淋浴间设置框网式地漏。
7. 管径小于等于DN50选用截止阀，大于DN50选用闸阀。
8. 其他说明详见给排水设计施工说明。

图 6-1-11　图纸施工说明

再阅读"1#卫生间"给水管道平面图，如图6-1-12所示。

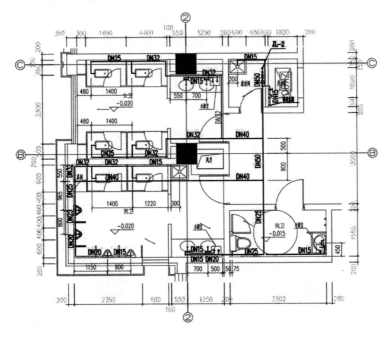

图 6-1-12　卫生间给水管道平面图

通过平面图可以得知管道管径及路径，具体识读方式可以查看第（4）步。但是并不能完全确认管道竖直方向的走向，此时需要结合"1#卫生间管道系统图"进行识读，如图6-1-13所示。

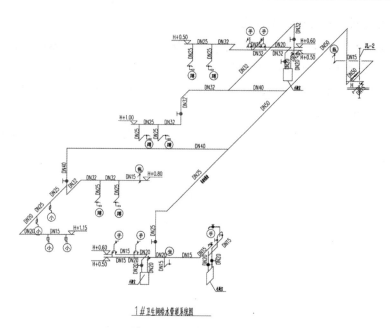

图6-1-13　卫生间给水管道系统图

　　首先需要找到起点位置，然后依次识读。在系统图中，找到"JL-2"位置，立管在进入这一层卫生间后，除继续向上为其他层卫生间供水的部分以外，横向伸出了一根支管为这一层卫生间供水，该支管直径为"DN50"，伸出一段距离后，向上到卫生间顶部再接横向管道为男卫生间、女卫生间、残疾人卫生间的小便池、蹲便器、洗手盆等用水设备供水，可观察到输水过程中因为水管分出支管为各房间供水，注释的水管直径不断减小（结合平面和系统图对照查看）。

　　在为各卫生间供水的立管上还有一个为立管所在清洁间及隔壁开水间供水的支管，观察系统图结合平面图可见横向接了一根支管后再分为两根"DN15"的支管为两个房间供水。平面图如图6-1-14所示，系统图如图6-1-15所示。

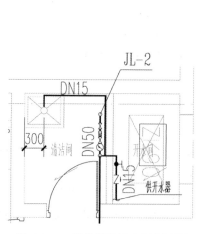

图6-1-14　清洁间及开水间平面图

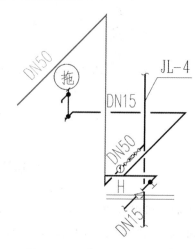

图6-1-15　清洁间和开水间系统图

扫码获取作业解析

📅 第十四天

🔲🔲天可补，海可填，南山可移。日月既往，不可复追。

📓 今日作业

> 　　根据第十三天作业内容，以第十一天作业文件为基础，将空调水系统、消防系统内容的绘制和布置完成，完成后以"作业项目—水系统"为名保存。

第二节　管道的绘制

一、章节概述

本节主要阐述管道的绘制编辑、连接处理等一系列管道相关操作，通过本节内容的学习，重点需要掌握如何绘制管道及管件调整，熟悉管道相关处理的操作方法，具体学习内容及目标见表6-2-1。

表6-2-1　学习内容及目标

序号	模块体系	内容及目标
1	业务拓展	（1）管道可用于给排水、采暖水、消防水、喷淋水等不同水专业的管道绘制，在进行上述专业建模时，水管的绘制统一按照"管道"命令绘制即可 （2）在各专业水系统中，管道内容除直管外，由弯头、来回弯、变径弯，三通、四通等管件按工程实际需要组合而成，起到不同情况的连接作用。学会各种管件的连接处理，有助于精准建模
2	任务目标	（1）完成首层各专业管道的绘制及编辑 （2）完成本项目各专业水系统管件的布置 （3）完成管道的连接处理、隔热层的设置
3	技能目标	（1）掌握使用"管道"命令绘制管道 （2）掌握使用"软管""平行管道"命令 （3）掌握使用"管件"命令创建布置管道管件 （4）掌握隔热层的添加方法

完成本节对应任务后，整体效果图如图6-2-1所示。

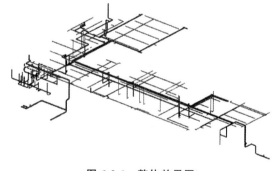

图6-2-1　整体效果图

二、任务实施

（一）管道的绘制编辑

1. 管道的绘制

在项目浏览器中，"建模"分组下"采暖"中"楼层平面"分组下"1-采暖"视图中，在其中规划出一定范围作为水管绘制练习区域，如图6-2-2所示。

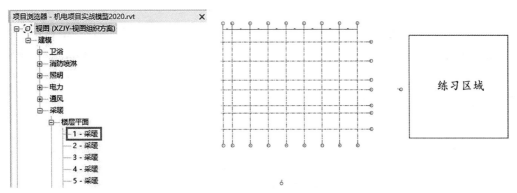

图 6-2-2　切换视图到平面

设置管道参数。单击"系统"上下文选项卡中"卫浴和管道"面板中"管道"命令，在"属性"面板中单击管道类型名称，在弹出列表中选择"热镀锌钢管"，再定义其风管系统为"MC-采暖-供水"，"水平对正"为"中心"，"垂直对正"为"中"，"参照标高"为"1层"。然后在选项栏中定义绘制尺寸，"直径"为"150.0"（此为公称直径），偏移为"3700"，"中间高程"为"1000.0"，如图 6-2-3 所示。

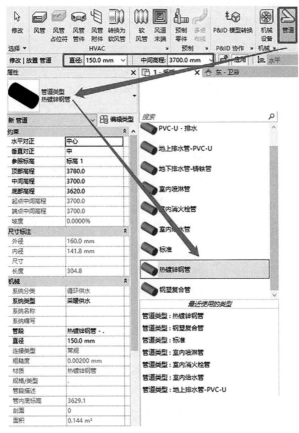

图 6-2-3　调节管道设置

（1）水平管道的绘制。

1）绘制单段水平管道。

在绘图区域内确定好的练习区域中，单击左键确定管道起点，再向右移动鼠标一段距离后，再次单击鼠标左键，即可绘制出一段直径（公称直径）为"40.0mm"，管路中心距标高"F1"高"3700mm"的"采暖供水"管道。按下"Esc"键取消绘制状态，并将所绘制管道选中，结果如图6-2-4所示。

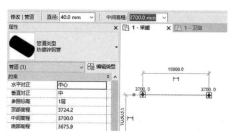

图6-2-4 绘制管道

注：此时可以观察到所绘制管道显示成为了一根线，这与视图属性中"详细程度"设置有关。在未选择状态下，"属性"选项板中将默认显示当前视图属性，将其中"详细程度"属性修改为"精细"即可，如果显示为灰色，则说明视图属性中"视图样板"属性已应用，此时直接修改视图样板即可，如图6-2-5所示。

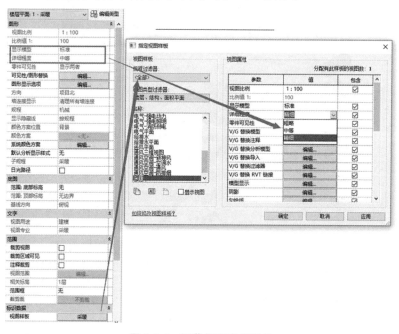

图6-2-5 调节视图样板属性

2）绘制多段水平管道。

左键单击选中管段，对无连接处管段端点再次单击右键，在弹出的菜单中，选择"绘制管道"选项，然后默认进入继续绘制状态，切换多个角度单击左键，可见管道将自动生成弯头管件，如图 6-2-6 所示。

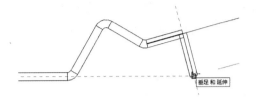

图 6-2-6　绘制多角度管道

3）绘制三通四通。

与风管类似，当出现交叉、相交时，管段之间会根据"布管配置"中设置内容，自动生成三通、四通、弯头、变径等管件，如图 6-2-7 所示。

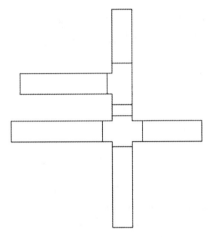

图 6-2-7　管件生成

（2）垂直管道的绘制。

单击"管道"命令，绘制一段水平管道，修改"偏移"为"2000"，鼠标单击"应用"按钮并对准水平管道的管段端点，单击左键，然后移动鼠标一段距离后，再次单击左键，此时自动生成向下的垂直管段，以及另一高度的水平管段，如图 6-2-8 所示。

图 6-2-8　垂直管道生成

（3）带有坡度管道的绘制。

管道的坡度设置有两种方法，第一种可以在管道绘制后，调整管道坡度。第二种是绘制管道时设置相应坡度值。

1）第一种方法：

绘制管道后，调整管道坡度。与风管的坡度绘制方法一样，绘制好水平管道后，修改管道的起点或终点高程，即可得到一段有坡度的管道。

2）第二种方法：

单击"管道"命令，进入管道绘制模式，选择"带坡度管道"面板中"向上坡度"

或"向下坡度"，绘制带有坡度的管道。

①"向上坡度"为可选项命令（和被勾选一样，可以单击选择的命令），激活后可在绘制水平管道时激活此命令，将自动使水平管段的终点端点高度比起点高，以使其向上做坡。

②"向下坡度"为可选项命令，激活后可在绘制水平管道时激活此命令，将自动使水平管段的终点端点高度比起点低，以使其向下做坡。

③"坡度值"下列表用于设置启用坡度，其坡度是多少，在其下列表中可选择当前项目可用坡度。

④"显示坡度工具提示"命令为可选项命令，激活后在绘制坡道时，将显示首尾端点处高度，以及当前坡度设置，如图 6-2-9 所示。

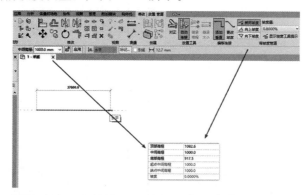

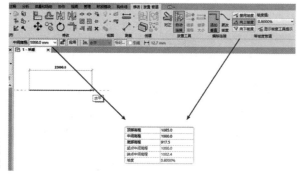

图 6-2-9　坡度设置和显示

2. 坡度的属性调整

绘制管道时，其"水平对正""垂直对正""参照标高""偏移"四项修改方式与应用方式与风管一致，此处不再赘述。

（二）布置管道管件

1. 管道管件的布置

（1）管件布置方式一：单击"系统"选项卡下"卫浴和管道"面板中的"管件"命令，在左侧"属性"选项板中选择符合图纸要求的管件，布置在相应位置，但应当注意管件的高度是否与管件对应的管道高度一致，然后与管道进行连接。

（2）管件布置方式二：在绘制管道过程中生成，根据不同的绘制方式，生成对应类型的管件，这种方式是最经常使用的方式，如图 6-2-10～图 6-2-12 所示。

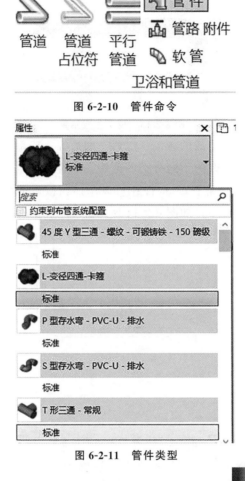

图 6-2-10　管件命令

图 6-2-11　管件类型

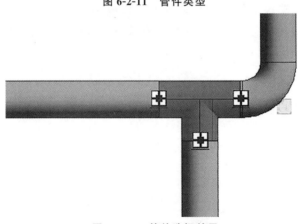

图 6-2-12　管件选择效果

2. 管道管件的调整

（1）管件的主要生成方式是在绘制管道过程中因交叉、转向等位置自然生成（根据

"布管配置"生成），根据不同的绘制方式，生成对应类型管，如交叉的"三通""四通"。以首层某处供水管管道弯头调整为例，绘制管道在转向时自动生成弯头，如图6-2-13所示。

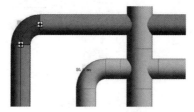

图 6-2-13　弯头生成结果

（2）在不同位置，首次生成的弯头、三通、四通等连接部件，需要根据实际情况修改构件分类时，可以手动修改为不同分类的部件。如将三通改为四通，在选择三通构件后（在三个接口均连接的情况下），构件在可以添加新接口的位置附近将出现"＋"符号，单击"＋"即可添加接口，如图 6-2-14 所示。

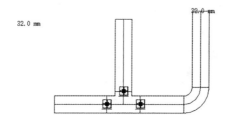

图 6-2-14　接口添加符号展示

（3）选择放置未连接的管道管件，进入"修改｜管件"上下文选项卡，单击"布局"面板中的"连接到"命令，可以选择已有管道进行连接（与风管部分管件连接操作和效果一致），如图 6-2-15～图 6-2-17 所示。

图 6-2-15　连接到命令

图 6-2-16　连接口选择　　　　　图 6-2-17　连接口效果

（4）结合图纸要求，完成各专业相关位置管道管件的布置与调整。

（三）绘制管道的放置工具

在平面视图中单击"管道"命令时，会自动跳转到"修改｜放置 管道"上下文选项卡，在其中可选择各种绘制用命令，其中内容如图 6-2-18 所示。

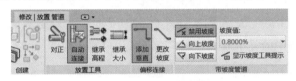

图 6-2-18　放置工具展示

（1）"放置工具"面板中内容与风管处一致，此处不再赘述。

（2）"偏移连接"面板中"添加垂直"命令，为默认激活状态，其用于在绘制有高差的管道时，直接生成垂直管段。当单击以激活"更改坡度"命令时，在绘制有高差的管道时，管道间会自动生成有斜坡的管段。生成方式为：当已绘制一段管道后，取消继续绘制状态（按 Esc 键），修改"偏移"为更高或更低后，激活"更改坡度"命令，鼠标单击已有管段端点处，再向一侧移动鼠标一定距离后，单击以确定另一高度管段的起点，再单击以确定另一高度管段的终点，此时第一段与第二段绘制的管道之间自动生成斜向连接的管道，过程如图 6-2-19 所示。

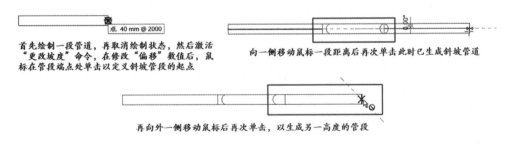

首先绘制一段管道，再取消绘制状态，然后激活
"更改坡度"命令，在修改"偏移"数值后，鼠
标在管段端点处单击以定义斜坡管段的起点

向一侧移动鼠标一段距离后再次单击此时已生成斜坡管道

再向外一侧移动鼠标后再次单击，以生成另一高度的管段

图 6-2-19　绘制方法展示

（四）隔热层添加

（1）管道的隔热层需要单独进行添加。操作方法：选中绘制完成的管道，进入"修改｜管道"上下文选项卡，即可"添加""编辑""删除"管道隔热层，如图 6-2-20 所示。

（2）单击"添加隔热层"，在弹出对话框中设置"隔热层类型"与"厚度"信息，单击"确定"完成添加（类型编辑内容与风管一致，此处不再赘述），如图 6-2-21 所示。

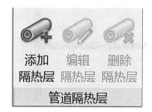

图 6-2-20 隔热层命令　　　　　　　图 6-2-21 隔热层类型

（3）根据需要，完成各专业管道的隔热层添加。

（五）软管的绘制

（1）软管的绘制方式类似"管道"绘制。单击"系统"选项卡下的"软管"命令，可在左侧"属性"选项板中得知，默认提供"圆形软管"类型，单击"编辑类型"后可在其中直接编辑各管件的自动生成结果，如图 6-2-22 所示。软管在平面中的绘制效果如图 6-2-23所示，三维视图中的显示效果如图 6-2-24 所示（要求视图详细程度为"精细"）。

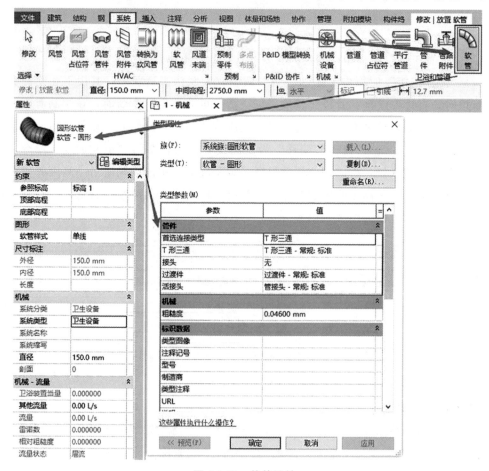

图 6-2-22 软管属性

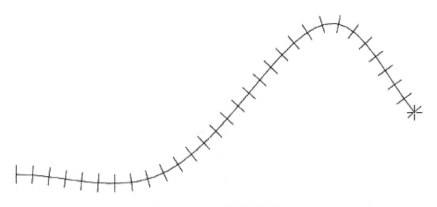

图 6-2-23　软管平面绘制

图 6-2-24　软管三维效果

（2）软管的绘制方式与管道一致（内容与风管软管类似），此处不再赘述。图纸中并无软管绘制要求，此处仅为命令说明。

（六）平行管道的绘制

（1）平行管道可以根据已有管道创建。首先绘制一条管道，然后单击"平行管道"命令，此时会弹出"修改｜放置平行管道"选项卡，其下有"平行管道"面板，在其中可以设置与已有管道呈"水平"（已有管道的水平左右方向）或"垂直"（已有管道的垂直上下方向）关系的新建管道的"数量"和"距离"。如图 6-2-25 所示为弹出的上下文选项卡。

图 6-2-25　平行管道设置

（2）以图 6-2-26 所示内容设置信息，然后单击选择已绘制的管道，应注意水平方向的新建管道位置与将鼠标和已有管道的相对位置有关，即鼠标位置将影响复制方向，确定方向后单击左键即可创建平行管道。创建结果在三维视图中的效果如图 6-2-27 所示。

图 6-2-26　平行管道设置使用

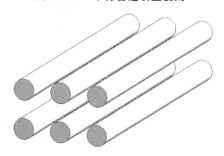

图 6-2-27　管道设置效果

（3）"平行管道"命令的使用可以快速创建相同系统类型的管道，根据各专业绘制需要，使用"平行管道"命令能够快速完成绘图工作。

（七）绘制工程案例管道

打开"采暖主干管系统图及图例""采暖立管系统图（一）""采暖立管系统图（二）"，作为管道绘制高程及走向参考。打开"设计说明及图例"，查找其中图例内容可知，不同管道在平面中的表达图例。打开"施工说明及图纸目录"，查找其中不同管径管道使用材料。

（1）进入"项目浏览器"中"视图（专业）"分组下，依次展开"机械"→"楼层平面"→"采暖"，在"采暖"分组下"F1 - 地暖水"视图中，将"一层采暖平面图"导入，再调整图纸与轴网对齐。导入设置如图 6-2-28 所示。

图 6-2-28 导入图纸

（2）参考图纸"采暖主干管系统图及图例"及导入图纸，可知当前一层采暖管道从"接地块换热站"处接入建筑内，其高程为"−1.45m"，然后向上接入到"热力入口装置"后，从入口装置处继续向上到一层水平管道相接处，一层水平管道高程标识有4.4m 高（平面图中得知）和 3.7m 高（系统图中得知）两个数据，为防止管道高度过低导致无法连接到设备，本书中采取平面图中获取的管道高程。

（3）以绘制 7 轴到 8 轴之间和 D 轴交叉下侧水暖井处管道开始，首先绘制入口处两根并行排列的供水和回水干管。管道高程为"−1450mm"，管道直径为"100mm"，系统类型从左到右分别为"采暖供水""采暖回水"。绘制内容明确后，接下来单击"管道"命令，选择"热镀锌钢管"类型，并设置相关信息开始绘制（查阅"施工说明及图纸目录"中"二、管道、风道材料及做法"下"1. 水管"下列表内信息可知管径≥80时，管材材料及连接方式）。完成后效果如图 6-2-29 所示。绘制时管道不可见应调整视图属性中"视图样板"为"无"，然后调整"视图范围"中"视图深度"为"−1500"，再调整"详细程度"为"精细"，如图 6-2-30 所示。

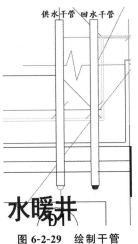

图 6-2-29 绘制干管

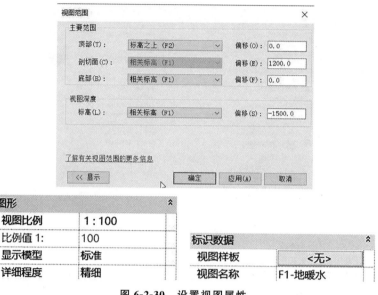

图 6-2-30　设置视图属性

（4）继续向上绘制立管，到"热力入口装置"入口的水平管道处，由于该装置在图纸中未提供入口高度信息，因此自定义其入口高度为"200mm"和"400mm"，然后直接绘制到另一个立管处，继续向上绘制立管及水平管道到 4.4m 高程处。完成后效果如图 6-2-31 所示。

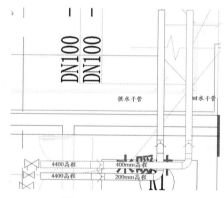

图 6-2-31　绘制管道

（5）当绘制到 4.4m 高程处的水平管道时，回水干管由一根分为三根。此处即有了三根主管，横向水平三根主管其系统类型从上到下依次为"采暖回水""采暖供水""采暖回水"（查阅"设计说明及图例"可知供水回水系统图例信息，结合系统图及平面图内容即可明确系统类型及对应位置），拐角时"采暖回水"管道又分出一个分管，因此竖向水平管道共有四根。根据图 6-2-32 所示内容进行绘制。

图中管道类型仅为帮助明确管道分支，管道类型设置延续之前已绘制管道类型即可（无须担心不同管道类型相交时的管件，类型不同不会自动产生管件）。

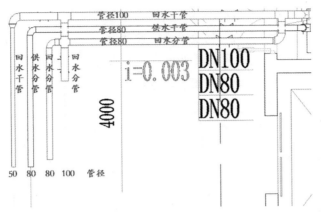

图 6-2-32　绘制干管与分管

（6）以上述四根管道为导向，沿图纸管道方向和尺寸等标识进行绘制，管道及设备完成首层采暖水管道的绘制，绘制连接到空调机房和各个散热器的连接处，如图 6-2-33 所示。其中部分内容平面图与系统图有所冲突的位置以系统图为准，如图 6-2-34 所示。

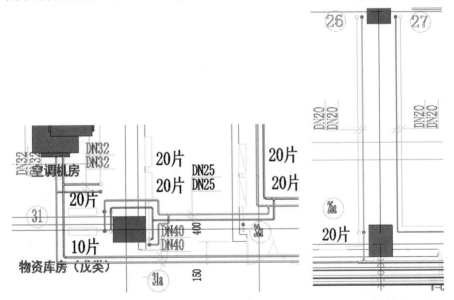

图 6-2-33　绘制管道到各房间　　　　图 6-2-34　绘制管道到各房间

（7）绘制过程中，结合"放置工具""偏移连接"等内容继续绘制管道，"带坡度管道"内容在绘制时先不必使用，如图 6-2-35 所示。

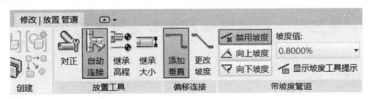

图 6-2-35　坡度禁用

（8）管道绘制完成后，鼠标在任意回水管道上放置，按"Tab"键三次，将选择状态延伸至所有回水管道上，然后单击鼠标左键，选择"坡度"命令，随后在弹出的"坡度编辑器"选项卡内的"坡度值"列表中设置坡度为"0.3％"，然后在弹出的警告框中单击"是"，再顺着管道末端向水暖井处依次单击管道检查其坡度是否达到设置要求，若未达设置要求，将其更改正确，如图6-2-36所示。

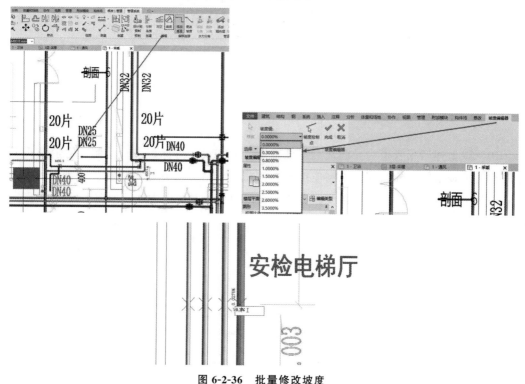

图6-2-36　批量修改坡度

（9）按照上述管道创建及绘制方法，结合给排水、消防喷淋图纸，完成首层相关管道的绘制。

三、操作说明

（1）注意管道的直径及偏移设置方法，以及系统的设定。

（2）注意管道管件的布置与调整方法。

（3）注意管道的隔热层需要选择已绘管道进行添加、编辑、删除等操作。

（4）注意软管及平行管道的应用方法。

第三节　管道附件及各专业设备的布置

一、章节概述

本节主要阐述管道附件、采暖设备、卫生器具及消火栓喷头的创建与绘制，通过本节内容的学习，重点需要掌握如何进行布置管道附件及各专业设备相关内容，熟悉相关操作，具体学习内容及目标见表 6-3-1。

表 6-3-1　学习内容及目标

序号	模块体系	内容及目标
1	业务拓展	（1）在各专业水系统中，水管上一般还会存在阀门、过滤器、清扫口、伸缩器、水表等附件，掌握附件的布置方法，是各专业建模的必备技能 （2）在采暖系统建模时，结合项目资料，需要布置各类采暖设备，包括集气罐、加热器、散热器等设备。掌握采暖设备的布置方法，是采暖系统建模的重要能力之一 （3）室内消火栓布置时，注意距地高度，一般距地宜为 0.7～1.1m。根据不同的场所，喷淋头的选择类型包括下垂型喷淋头、直立型喷淋头、普通型喷淋头、边墙型喷淋头。掌握喷淋头与消火栓的布置方法，是消防喷淋系统建模的重要能力之一 （4）卫生器具指的是供水或接收、排出污水或污物的容器或装置。卫生器具是建筑内部给排水系统的重要组成部分，是收集和排除生活及生产中产生的污水、废水的设备。掌握卫生器具的布置方法，是给排水系统建模的重要能力之一
2	任务目标	（1）完成本项目各专业水系统管件及附件的布置 （2）完成本项目各专业设备的布置
3	技能目标	（1）掌握使用"管路附件"命令创建布置管道附件 （2）掌握使用"卫浴装置""机械设备""喷头"等命令布置各专业设备 （3）掌握使用管件"连接到"命令

完成本节对应任务后，局部效果图如图 6-3-1 所示。

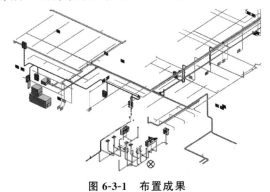

图 6-3-1　布置成果

二、任务实施

Revit 软件提供了"管路附件""卫浴装置""机械设备""喷头"命令，可直接单击各命令，或直接选取进行布置。

（一）布置管道附件

1. 管道附件族

管道附件族是直接在管道管段上放置的族，其依附于所放置的管道管段而存在。在通风系统建模时，根据项目需求，在管道上需要放置各种附件，如"过滤器""截止阀""压力表"等。

2. 管道附件的布置

参考"设计说明及图例"中附件示意图例，参考导入图纸中图例示意位置在平面图处放置不同的附件。

（1）以水暖井附近供水、回水管道上图例所示，此处应放置"截止阀"，单击"系统"选项卡下"卫浴和管道"面板中的"管路附件"命令，再单击"编辑类型"按钮，在"类型属性"对话框中单击"重命名"将其类型名称命名为"$DN100$ 截止阀"（对应将要放置到的管道公称直径），然后修改其"公称直径"属性值为"100"。其他属性亦翻倍修改即可（可自行查询对应规格参数以修改参数值，此处修改仅为示意）。完成后如图 6-3-2 所示。

图 6-3-2 截止阀属性

（2）修改属性及名称，完成后单击"确定"，然后用鼠标单击导入图纸中截止阀图例对应位置即可完成附件放置。完成后效果如图 6-3-3 所示。

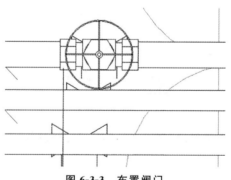

图 6-3-3 布置阀门

（3）参考以上两个步骤，调整截止阀属性及类型名称（后续类型名称直接复制即可，或选择其原有的字母名称进行重命名），并将截止阀放置到对应导入图纸中显示的管道附件图例上以放置不同位置的截止阀。其他位置的各专业附件（如给排水）同样参考以上两个步骤，将缺少的附件载入（某些附件已在样板中包含无须载入，应仔细查看）并放置到项目中。

3. 管道附件的调整

（1）调整管道附件。

管道附件布置完成后，当放置方向不对应时，可以通过旋转或翻转附件进行调整。选中需要调整的附件，单击"旋转""翻转"热点按钮进行垂直方向的调整，如图 6-3-4 所示。

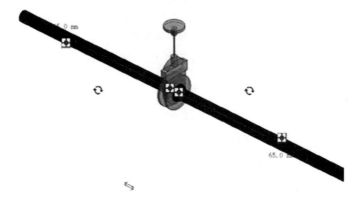

图 6-3-4　调整阀门

（2）管道附件的布置调整可以结合"连接到"命令进行应用，操作方式同管道管件，此处不再赘述。

（3）结合图纸要求，完成各水系统专业相关附件的布置及调整。

（二）布置采暖设备

采暖设备一般需要单独放置，根据项目图纸的要求，放置在指定位置，引出管道进行连接。

（1）以首层采暖平面图为例，选择"散热器"设备，设置"偏移"值为"250"以便于布置，如图 6-3-5 所示。参考"设计说明及图例"中散热器图例样式，在导入图纸中散热器图示对应位置，直接单击左键放置散热器，并布置首层所有散热器设备，局部如图6-3-6所示。

图 6-3-5　散热器属性

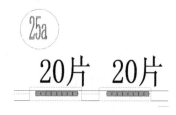

图 6-3-6　散热器放置

（2）布置完成后，单击选择散热器，可以使用"连接到"命令，将散热器与管道进行连接，连接完成后如图 6-3-7 所示。

图 6-3-7　连接散热器

（三）布置卫生器具

卫生器具一般需要单独放置，根据项目图纸的要求，放置在指定位置，引出管道进行连接。

（1）以"1#卫生间给排水系统图"中"1#卫生间给水平面图"和"1#卫生间排水平面图"中相关卫生器具位置及内容为参考。在对应给排水平面一层视图中，导入"1#卫生间给排水系统图"，将其中"给水"或"排水"平面图与轴网对齐后，单击"卫生器具"命令后选择对应类型，在图示对应位置，直接左键单击布置首层所有卫生器具（不同卫生器具高度可根据合理高度自行布置），局部如图 6-3-8 所示。

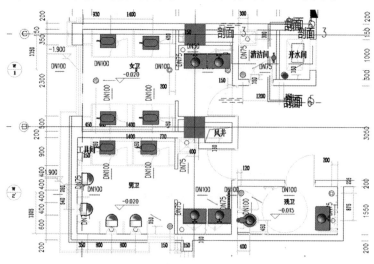

图 6-3-8　布置卫生器具

（2）使用"连接到"命令，分别选择绘制完成的"给水管""排水管"（以采暖管道图示内容为例说明绘制方法后，已说明自行绘制其他专业管道），与各卫生器具连接，同时结合手动绘制连接的方式，完成管道与设备的连接，如图 6-3-9 所示。

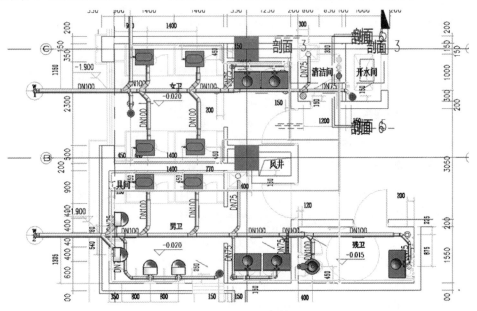

图 6-3-9　连接卫生器具

按照上述操作方法，完成首层所有卫生器具的布置，以及与管道完成连接（图中所示卫生器具大小与导入图纸中设备大小不一致的问题经常出现，这是因为导入后卫生器具族默认的尺寸与图纸示意不一致，正常来说只要基本的进出口位置与图示位置一致即可，其他内容可交由土建部分补充）。

（四）布置消火栓及喷头

1. 喷淋头的布置

喷淋头一般需要单独放置，根据项目图纸的要求放置在指定位置，引出管道进行连接。

（1）以"一层自动喷水灭火平面图"为例，进入对应专业的一层平面视图，并将该图纸导入到视图中，且与轴网对齐后，单击"喷头"命令，在"属性"选项板中选择合适的喷头族，设置"偏移"值为"3800"，如图 6-3-10 所示。

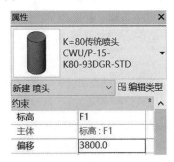

图 6-3-10　喷头属性

（2）在导入图纸中图示喷头位置（空圆）直接单击左键放置即可，局部如图 6-3-11 所示。

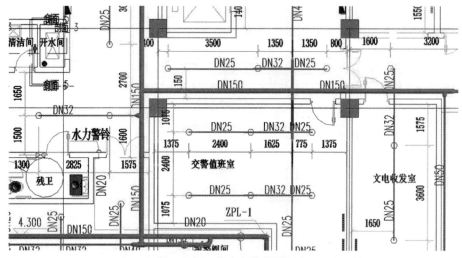

图 6-3-11　喷头布置位置示意

（3）放置完成后，单击"连接到"命令，选择绘制完成的各喷淋管道，与管道附近喷头连接，对于使用"连接到"命令不能正常连接的，可采用手动绘制连接的方式，完成管道与喷头的连接，如图 6-3-12 所示。

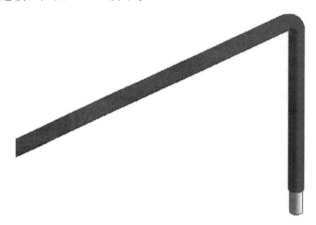

图 6-3-12　喷头连接管道

按照上述操作方法，完成首层所有喷头的布置，以及与管道完成连接。

2. 消火栓的布置

消火栓一般需要单独放置，根据项目图纸的要求放置在指定位置，引出管道进行连接。

（1）以"一层消防给排水平面图"为例，进入对应专业一层平面视图，再将"一层消防给排水平面图"导入到视图中，且对齐轴网。然后单击"机械设备"命令，在"类型选择器"中选择合适的消火栓族，设置"偏移"值为"1100"，如图 6-3-13 所示。

图 6-3-13 消火栓属性

（2）参考导入图纸中消火栓图例图示对应位置，直接单击左键布置首层所有消火栓设备（消火栓平面图中默认显示与图例一致，容易与图纸图例混淆），局部如图 6-3-14 所示。

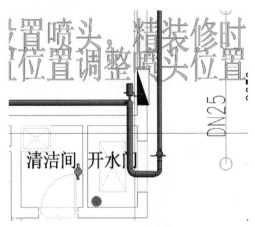

图 6-3-14 布置消火栓

（3）使用"连接到"命令，选择绘制完成的各消火栓管道，与管道附近消火栓连接（如果生成困难，可参考结果图手动绘制），三维效果如图 6-3-15 所示。

图 6-3-15 消火栓连接管道

（4）部分位置消火栓使用"连接到"命令与消防管道相连时，可能会与图中所示结构柱位置发生"碰撞"，如图 6-3-16 所示。这时，可结合手动绘制连接的方式，完成管道与消火栓的连接。

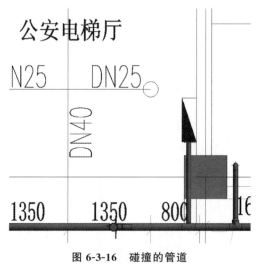

图 6-3-16　碰撞的管道

（5）以从左向右框选的方式，仅选择并删除连接管道与消火栓连接的弯头，如图 6-3-17所示。

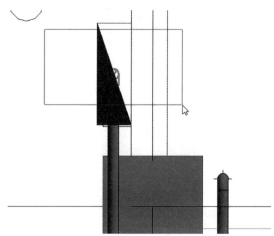

图 6-3-17　删除连接处

（6）单击选择消防管道上因连接而生成的三通管件，然后使用"移动"命令或键盘上"←"键使其移动到合适位置，如图 6-3-18 所示。

（7）单击选择"消火栓"，然后使用"连接到"命令，再单击刚刚因"连接到"生成的竖向连接管道，以生成消火栓与连接管道间的连接管道，结果如图 6-3-19 所示。

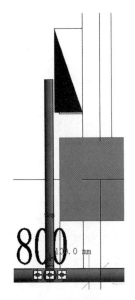
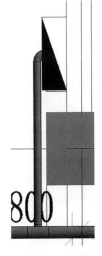

图 6-3-18　挪动管道　　　　　　图 6-3-19　重新连接

按照上述操作方法，完成首层所有消火栓及其与连接消防管道的布置。

三、操作说明

（1）注意管道的布置方法。

（2）注意管道附件的调整方法与应用。

（3）注意各专业设备的布置方法。

（4）注意使用"连接到"等方式快速调整处理。

扫码获取作业解析

📅 第十五天

盛年不重来，一日难再晨；及时当勉励，岁月不待人。

今日作业

简答题：

1. 绘制一条 $DN50$ 的管道与 $DN70$ 的管道相连，但操作完成后软件提示无法生成对应管件，造成这个错误的原因是什么？应该如何处理？

2. 绘制一条笔直的管道，当绘制过程中管径不变、管道系统改变时，软件的绘制效果是什么？这个绘制结果是否有问题？如果有问题，应该如何解决？

3. 连接卫浴装置与管道时，软件提示"没有足够的空间放置所需管件"应如何解决？

4. 给排水管道之间碰撞交错时，应该如何处理碰撞问题？

5. 给排水施工流程一般分为几个阶段？分别需要做什么？

第四节　技巧与专业拓展

一、章节概述

本节主要阐述管道工程专业知识及管道系统安装，通过本节内容的学习，重点需要掌握部分专业知识及安装要求，熟悉相关操作，具体学习内容及目标见表 6-4-1。

表 6-4-1　学习内容及目标

序号	模块体系	内容及目标
1	业务拓展	模型创建过程中，需要结合相关专业知识、现场施工步骤以使模型更加完善
2	任务目标	(1) 了解给排水系统、消防给水系统相关建模技巧及专业知识 (2) 熟记管道安装要求
3	技能目标	(1) 掌握部分给排水系统、消防给水系统相关建模技巧及专业知识 (2) 熟记管道安装要求

二、任务实施

(一) 建模方法

1. 建模技巧

(1) 喷淋管道绘制。如果使用传统方法创建消防喷淋系统，需要逐个创建管道再连接，那么绘制一个项目的喷淋往往需要花费几天的时间，且其中涵盖了大量重复机械性操作，极大地影响建模效率。因此，建议使用市面上的插件，只需要提取喷淋的管线层、喷头层、标注层、系统起点干管即可生成喷淋系统，可有效提升效率。

(2) 管道变径连接。在项目设计说明中会写到"$DN \leqslant 50$，用螺纹连接；$DN > 50$，用卡箍连接"，因为在绘制管道时，会出现三通构件无法生成的现象，此时我们应该在管道设置选项卡中，把卡箍连接选择全部尺寸，螺纹连接尺寸不变，绘制变径的时候，系统则不会报错了。

(3) 管道系统。在机电管道中会出现两个不同系统的管道连接在一起的情况，比如喷淋系统和消火栓系统、废水系统和空调冷凝水系统，有时将整个系统画完才发现是由两个不同系统组成的，那么就需要按"Tab"选中已完成的管道系统并删除管道系统，在两个不同系统管道中间用"管道打断"命令，在系统面板下更改系统类型和管道材质，再用"TR"命令把两个不同系统的管道连接在一起，这样即可快速把系统分开了。

(4) 管道附件族自动连接管道。由于我们在模型中需要放置闸阀、蝶阀等各种阀门，遇到要打断管道才能放置的族，可以双击"族"，进入管道附件族编辑界面，进行以下四步的修改即可确定连接端口的管径大小，自动识别已绘制的管道/风管的管径大小。第一，族类别的选择：管道附件/风管附件；第二，族参数零件类型的选择：阀门—插入；第三，参数类型的设置：实例参数；第四，实例参数"直径"关联类型参数"直径"。

（5）管道附件族放置方向。放置一个阀门，发现其方向是倒置的，需要双击"族"，进入编辑族界面，单击"翻转"命令，将其主链接件的 Y 轴方向修改为正值，重新载入项目即可。

（6）管道空间不足连接。在绘制管道时，由于空间的问题，水平管和立管靠得非常近，软件会提示无法连接，这时有以下两种解决方法：第一，把横管后移，成功连接后，再使用键盘"上、下、左、右"键慢慢移动到 CAD 图示位置；第二，绘制出弯头，使用对齐"AL"命令，对齐水平管和横管即可连接。

（7）卫浴设备与管道快速连接。由于污水管有坡度要求，蹲便器要设置存水弯，导致蹲便器连接到排水横管比较麻烦。此时，以下四步可实现快速建模：第一，选中蹲便器，单击"连接到"命令，再选中排水横管，实现自动连接；第二，编辑弯头族，把族类别设置为"管件"，零件类型设置为"弯头"；第三，选中原弯头，切换族类别，将弯头替换为存水弯。

2. 管道建模与建造的区别

（1）管道安装要保证横平竖直，必须遵循先装大口径、总管、立管，后装小口径、分管的原则，安装过程不可跳装、分段装，必须按顺序连续安装，支架安装保持垂直，墙体开洞必须用专门的开孔器开洞，产生的垃圾及时清理，穿越墙体要加套管，两边和墙平齐，套管材料需要使用指定材料。

（2）由于时间的关系，在建模的时候一般先绘制管道，进行管综后再放泵设备，并与管道连接，但在实际建造过程中应先进行泵设备的安装。

（3）在设计阶段绘制喷淋管，为了管线综合方便和快速出成果，一般先建 $DN65$ 以上的主管，且在管线综合时尽量不大范围改变喷淋主管的位置。之后项目有需要时，可以将其他尺寸的补齐绘制，继续深化。

（二）专业拓展

给排水系统是任何建筑都必不可少的重要组成部分，向各种不同类别的用户供应满足不同需求的水量和水质，同时承担用户排除废水的收集、输送和处理，达到消除废水中污染物质、保护人体健康和环境的目的。一般建筑物的给排水系统包括生活给水系统、生活排水系统和消防给水系统。施工工艺流程图如图 6-4-1 所示。

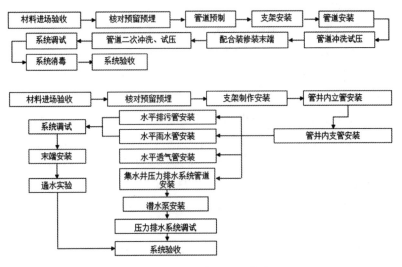

图 6-4-1　给排水系统施工工艺流程图

1. 生活给水系统

（1）功能：生活给水分为热给水与冷给水，通常由设备间、管井处的干管接出，接至厨房、卫生间、淋浴房等房间，供日常生活用水。

（2）管道材质及连接方式：通常根据管道直径判定：$DN \geqslant 100$ 的使用不锈钢管，法兰连接；衬塑钢管，沟槽连接；$DN < 100$ 的使用衬塑钢管，螺纹连接；$DN \leqslant 50$ 的使用 PPR 管，热熔连接。

（3）特点：生活给水管道为有压管道，管道排布应横平竖直，如与其他管道交叉排布时，可进行上下翻弯。

（4）常见阀件：截止阀、闸阀、蝶阀、球阀统称截断阀，用于接通或截断管路中的介质；止回阀，用于防止管路中的介质倒流；水表、流量计，用于测量、计量水流量的仪表。

2. 生活排水系统

（1）功能：排水分为压力废水、废水、污水、雨水管、虹吸雨水管、通气管，污废水通常由卫生间、洗手盆、洗衣机、地漏等汇集至管井的排水干管、排水渠、集水井等地方，再排至室外。将室内日常生活所产生的污废水排出，其中通气管的作用是使排水系统内空气流通，压力稳定。

（2）管道材质及连接方式：室内排水管道常用 UPVC，热熔连接；镀锌钢管，焊接；铸铁管，承插密封连接，通气管同排水管材。

（3）特点：排水管分有压管道、重力管道，有压管道可进行上下翻弯，当与重力管道交叉时，应避让重力管道。重力管道是通过管道倾斜坡度，依靠重力自流，所以排布时应设置坡度，通常为 0.003，只能由水位高处流向低处，必要时可以进行下翻弯。

（4）常见阀件：截止阀、节流阀、止回阀、球阀，用于接通、截断或控制管路中的介质。

3. 消防给水系统

（1）功能：以水为灭火剂消防扑救火灾的供水系统，由水源、消防给水管网、消防水池、消防水泵及消火栓、自动喷水灭火设施等组成，常见的有消火栓管、自动喷淋管、泡沫管，其中泡沫管用来输送泡沫罐中的泡沫灭火剂，与消防给水按一定比例混合形成泡沫混合液。

（2）管道材质及连接方式：消火栓管与喷淋管管材均使用镀锌钢管，$DN \leqslant 50$ 时，采用丝扣连接，$DN > 50$ 时，采用沟槽连接。

（3）特点：消防给水管均为有压管道，可进行上下翻弯。根据喷头数量，对应的自动喷淋管网管径如下：$DN25$——1 个喷头，$DN32$——3 个喷头，$DN40$——4 个喷头，$DN50$——8 个喷头，$DN65$——12 个喷头，$DN80$——32 个喷头，$DN100$——64 个喷头，$DN150$——不限数量。

（4）常见阀件：消防信号蝶阀用于喷淋系统维修时切断喷淋供水，所以其常装于干管的水流指示器前。此外，当蝶阀关闭时，会传输信号给消防报警系统，提示尽快维修。湿式报警阀是只允许水单向流入喷淋系统并在规定流量下报警的一种单向阀，用于防止消防水管中的水倒流，并在出现火灾事故时发出警报。

4. 给排水相关知识拓展

（1）间距要求。

1）给水管道。水平方向：水平横管离墙间距 $\geqslant 100mm$，离梁、柱、设备等的间距 $\geqslant 50mm$，管道间外表皮间距 $\geqslant 100mm$。垂直方向：$DN32 \sim DN50$，立管与墙面间距 $\geqslant 35mm$；$DN65 \sim DN100$，立管与墙面间距 $\geqslant 50mm$。

2）排水管道。水平方向：水平横管中心到楼板底的间距不得大于 $300mm$；横管清扫口与其垂直的墙面距离不得小于 $200mm$。垂直方向：立管与墙面间距设为 H，$DN = 50$ 时，$H = 50$；$DN = 75$ 时，$H = 70mm$；$DN = 100/150$ 时，$H = 80mm$；$DN = 125$ 时，$H = 90mm$；$DN = 200$ 时，$H \leqslant 130mm$。

（2）给排水管道避让原则：给排水管道分为有压管道与无压管道（重力管道）。有压管道通过给管内加压，使管道内具有一定压力，能够不靠液体自身重量就可以流动排出的。生活给水、消防给水及压力废水均为有压管道，特点是可进行上下翻弯，当与无压管道交叉时，应进行翻弯避让。

无压管道（重力管道）只能依靠管道介质自身重量，由高处流向低处。废水、雨水、污水均为无压管道，特点是只能进行下翻弯，与有压管道交叉时，应对有压管道进行翻弯。

口诀：有压让无压、小管让大管。

（3）施工流程：

给排水的施工流程一般分为三大阶段：一是前期预埋阶段，根据预留洞图，配合土建施工进行套管预留预埋；二是安装阶段，先根据已确定好的支架方案，进行支架安装，后进行管道敷设，每安装一段管道均要试验，确定管道畅通；三是系统调试，管道系统全部安装完毕后进行试验，确保管道畅通，无渗漏。

1）孔洞预留及套管预埋：在管道安装前，应根据管道留洞图，配合土建施工预留孔洞，管道穿过墙壁时应设置套管，套管内径比管道外径大两号，套管两端应与墙的最终完成面平齐，内外均做防腐工作。

2）管道预制：管道切割时应采用砂轮切割机、管道割刀及管道截断器，保证切口端面平整，无毛刺、铁屑，避免长时间运行后管道发生堵塞。

3）支架安装：安装管道前，应提前根据管道排布制订支架方案，常用的支架分为固定支架、滑动支架、导向支架、滚动支架和弹簧支架。

4）管道安装：分为单管安装与多管安装，要求管道平行敷设、安装牢固、间距合理、标识清晰、穿板封堵美观。

5）管道试验：各种承压管道系统和设备应做水压试验，非承压管道系统和设备应做灌水试验。

📅 **第十六天**

■▪▫荒废时间，等于荒废生命。

📑 **今日作业**

> 　　阅览图纸"S7号楼电施工-t3"中图纸"6-5-01"和"6-5-03—6-5-08"中内容，然后根据图中信息回答以下问题，完成后以"电气图纸阅读.doc"为名保存。
>
> 　　1."6-5-01"中图例表中用了多少种图例？与"6-5-03—6-5-08"中图例对比，有多少是没有的？
>
> 　　2.电气图纸中具体用到多少种灯具？分别属于哪个房间？
>
> 　　3.图纸中有无桥架？如果有，请指出具体位置。

第七章 电气专业系统建模

 **思维导图**

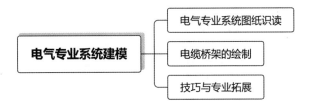

第一节 电气专业系统图纸识读

一、章节概述

本节主要阐述电气系统图纸的识读，通过本节内容的学习，重点需要掌握快速读懂电气系统相关图纸的方法，熟悉相关操作，具体学习内容及目标见表 7-1-1。

表 7-1-1 学习内容及目标

序号	模块体系	内容及目标
1	业务拓展	图纸识读是最为基础的内容，通过阅读图纸，提取相关信息，方便在软件中创建相关构件
2	任务目标	(1) 学会阅读电气系统图纸设计及施工说明 (2) 学会阅读电气系统图纸中平面图 (3) 学会阅读电气系统图纸中系统图及详图
3	技能目标	(1) 阅读电气系统图纸设计及施工说明，并提取相关信息 (2) 阅读电气系统图纸中平面图，并提取相关信息 (3) 阅读电气系统图纸中系统图及详图，并提取相关信息

二、任务实施

一套完整的电气施工图纸一般包括图纸目录及设计施工说明、图例、设备材料表、平面图、详图、系统图、控制原理图、安装接线图等。那么，具体怎样才能看懂电气图纸？首先需要通过图纸目录了解图纸名称及编号，其次需要对设计施工说明、图例、设备材料表有所了解，并找到一些重要信息，方便后期识图使用，最后进行读图。先识读平面图，了解相关管段路径、尺寸及标高等信息，并结合系统图、详图进行全面理解。电气平面图内容较少，识读相对简单，复杂点在于配电系统图的识读。

（1）阅读图纸目录，了解图纸名称和图号，如图 7-1-1 所示。

图纸目录

序号	图　号	版别	图　　　　　名	图幅
1	D-1	A	电气图例及主要设备表 电气目录	A1
2	D-2	A	强电设计说明一	A1
3	D-3	A	强电设计说明二	A1
4	D-4	A	弱电设计说明	A1
5	D-5	A	电气消防设计说明	A1
6	D-6	A	配电室低压干线配电系统图	A1
7	D-7	A	配电室低压配电系统图	A1
8	D-8	A	配电系统图一	A1
9	D-9	A	配电系统图二	A1
10	D-10	A	配电系统图三	A1
11	D-11	A	配电系统图四	A1
12	D-12	A	弱电系统图	A1
13	D-13	A	消防系统图一	A1
14	D-14	A	消防系统图二	A1
15	D-15	A	公安指挥调度系统图	A1
16	D-16	A	公安指挥调度功能图	A1
17	D-17	A	一层电力平面图	A1
18	D-18	A	二层电力平面图	A1
19	D-19	A	三层电力平面图	A1
20	D-20	A	四层电力平面图	A1
21	D-21	A	五层电力平面图　　六层电力平面图	A1
22	D-22	A	机房层电力平面图　屋顶防雷平面图	A1
23	D-23	A	一层照明平面图	A1
24	D-24	A	二层照明平面图	A1
25	D-25	A	三层照明平面图	A1
26	D-26	A	四层照明平面图	A1
27	D-27	A	五层照明平面图　　六层照明平面图	A1
28	D-28	A	机房层照明平面图	A1
29	D-29	A	接地与总等电位联结平面图	A1
30	D-30	A	一层弱电平面图	A1
31	D-31	A	二层弱电平面图	A1
32	D-32	A	三层弱电平面图	A1
33	D-33	A	四层弱电平面图	A1
34	D-34	A	五层弱电平面图　　六层弱电平面图	A1
35	D-35	A	机房层弱电平面图	A1
36	D-36	A	一层消防平面图	A1
37	D-37	A	二层消防平面图	A1
38	D-38	A	三层消防平面图	A1
39	D-39	A	四层消防平面图	A1
40	D-40	A	五层消防平面图　　六层消防平面图	A1
41	D-41	A	机房层消防平面图	A1
42	D-42	A	电气总平面图	A1

图 7-1-1　图纸目录

（2）认真阅读设计说明和施工说明，提取有效信息；简单阅读"电气图例及主要设备表"，如图 7-1-2 所示，方便读图过程中快速识别设备（图中内容仅为参考，具体内容可见附件图纸）。

电气图例及主要设备表

序号	图例	名称	型号／规格	安装方式	备注
1	⊢——⊣	单管荧光灯	1X36W(cosφ>0.9)	吸顶安装	带E 为应急灯
2	⊨——⊨	双管荧光灯	2X36W(cosφ>0.9)	吸顶安装	带E 为应急灯
3	⊗	吸顶灯	220V 18W	吸顶安装	带E 为应急灯
4	◗	天棚灯	220V 18W	吸顶安装	
5	⊛	防尘防水 高效节能型灯具	220V 18W	吸顶安装	

图 7-1-2　部分图例表

（3）此处以"一层电力平面图"为例进行讲解。通过图纸目录得知"一层电力平面图"编号为"D-17"，找到相关图纸。图纸右下角会标明项目名称、图纸名称、图纸编号等相关信息。

（4）以"非消防电缆线槽"为例进行讲解。

1）概览桥架走向，确定桥架类型。以图 7-1-3 为例，通过桥架旁引线引出的注释得知桥架系统有"非消防电缆线槽"和"消防电线线槽"（所有的线槽段均有文字注释），总体走向为从配电间起步接上电线，通过走廊分别为每个房间输送电线为其配电。

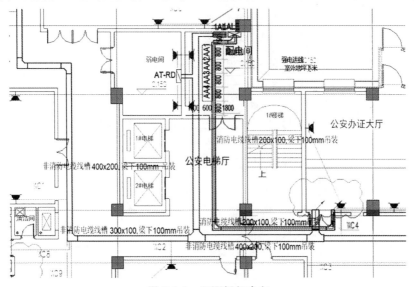

图 7-1-3　平面桥架走向

2）确定桥架路径。

①找到桥架起点，确定桥架路径。此处桥架由"配电间"中编号为"1AL"和"1ALE"两个设备引出，该名称为电气系统中"配电箱（柜）"的常用代称，其位置位于平面图的中间靠左处"配电间"房间内，其中与"1AL"配电箱相接的桥架为"非消防电缆线槽"，与"1ALE"配电箱的桥架为"消防电缆线槽"，左侧非消防电缆线槽在配电间内穿墙进入弱电间，为弱电间输送电力，再直出配电间到"公安电梯厅"，右侧消防电缆线槽下接"AA""4AA"等配电控制设备，然后直出到"公安电梯厅"，如图7-1-4所示。

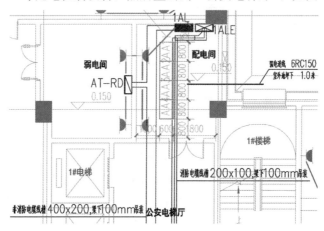

图 7-1-4　配电间桥架走向

②出"公安电梯厅"在走廊中消防电缆线槽直接右拐，到"公安办证大厅"门口，为其输送电力，如图7-1-5所示。

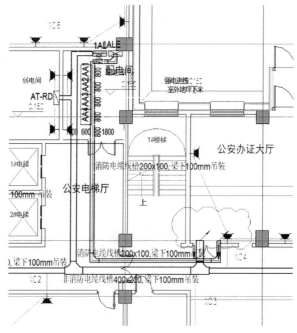

图 7-1-5　桥架右拐走向

　　非消防电缆线槽，在出"公安电梯厅"后一分为二，顺延走廊中间为各个房间输送电线提供电力，左侧顺延走廊走向直到"公安局会议室"房间外，右侧顺延走廊走向直到"安检设备储存（戌类）"房间外，如图 7-1-6、图 7-1-7 所示。

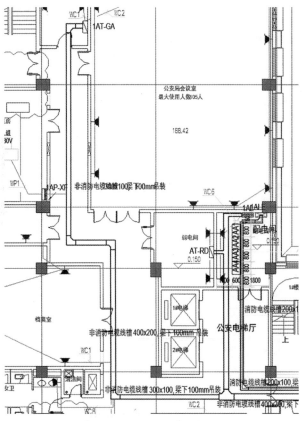

图 7-1-6　桥架左向走向

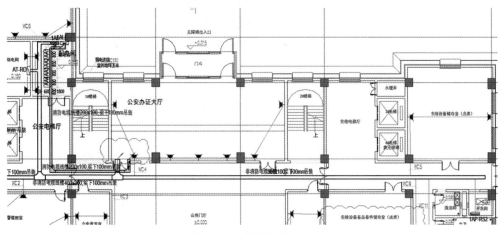

图 7-1-7　桥架右向走向

　　3）观察到"非消防电缆线槽"和"消防电缆线槽"均在"公安办证大厅"处有出口，如图 7-1-8 所示。结合二层电力平面图，可观察到相同位置有"强电""消电"两个

电力井，可得知，此处的两处桥架出口是为上面楼层作电力输送的位置，如图 7-1-9
所示。

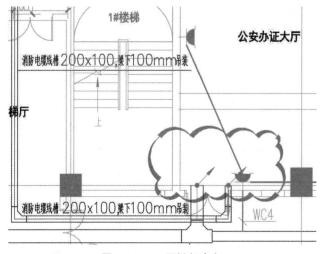

图 7-1-8　一层桥架走向

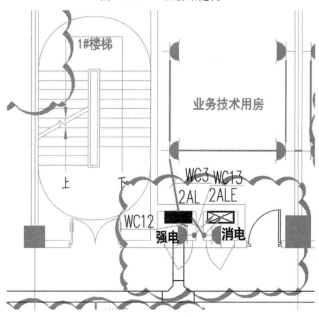

图 7-1-9　上层桥架走向

4）其他层的电缆桥架均为此两处"强电"和"消电"房间输送电力。

扫码获取作业解析

第十七天

抛弃今天的人，不会有明天。

今日作业

　　根据第十六天作业内容，以第十四天作业文件为基础，在阅览图纸"S7 号楼电施工-t3"中内容后，放置开关、灯具、配电箱、照明配电箱等构件（电线等内容无需绘制），完成后以"项目作业—电气布置"为名保存。

第二节　电缆桥架及线管的绘制

一、章节概述

本节主要阐述如何进行电缆桥架的绘制、编辑、连接处理等一系列桥架相关操作，通过本节内容的学习，重点需要掌握创建并绘制电缆桥架的方法，熟悉桥架相关处理的操作，具体学习内容及目标见表 7-2-1。

表 7-2-1　学习内容及目标

序号	模块体系	内容及目标
1	业务拓展	（1）电缆桥架分为槽式、托盘式、梯架式和网格式等结构，由支架、托臂和安装附件等组成 （2）电缆桥架作为电气专业中经常出现的内容，正确设定及布置是非常重要的。掌握桥架的绘制，是机电建模中必备的技能之一
2	任务目标	（1）按照项目需求绘制电缆桥架 （2）按照项目需求布置电缆桥架的配件
3	技能目标	掌握使用"电缆桥架"命令绘制桥架

完成本节对应任务后，整体效果如图 7-2-1 所示。

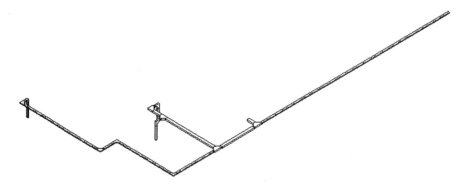

图 7-2-1　桥架成果

二、任务实施

（一）电缆桥架的类型编辑与管件配置

（1）打开上一章保存的成果文件"机电工程—水系统"，单击"系统"选项卡下的"电气"面板中的"电缆桥架"命令。

（2）在左侧弹出的"属性"选项板中单击"类型选择器"，在"带配件的电缆桥架"族类型列表下，选择"槽式电缆桥架"，如图 7-2-2 所示。

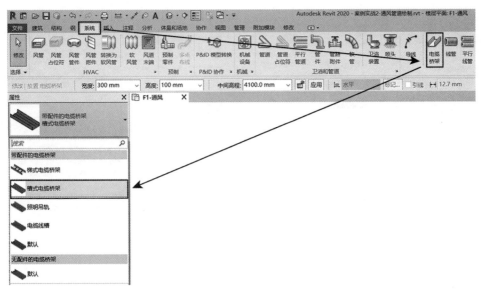

图 7-2-2　选择桥架类型

（3）单击"编辑类型"按钮，在弹出的"类型属性"对话框中可以对所选类型的桥架类型进行复制以创建新的桥架类型，或对弯头、活接头、三通、交叉线、过渡件等内容根据不同的项目需求进行选择配置，如图 7-2-3 所示。

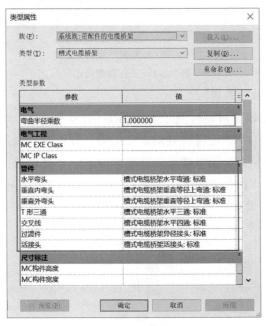

图 7-2-3　桥架属性

（4）当前电缆桥架中有三种配件类别的设置，可通过单击任意管件下配件列表查看内容。当前项目中其他类型的电缆桥架类型都是在这三种配件的基础上复制和新建的，如图 7-2-4 所示。

图 7-2-4　三种桥架类型

（二）电缆桥架的绘制编辑

电缆桥架的绘制及绘制时编辑的方式与矩形风管基本一致，此处不再赘述。

（1）进入当前项目中，"建模"分组下"电力"分组中"楼层平面"分组内的一层视图内，如图 7-2-5 所示。以选中图元后隐藏的方式，将平面视图中轴网以外内容全部隐藏，如图 7-2-6 所示（操作方法之一示意）。然后导入"一层电力平面图"，并调整导入图纸与轴网对齐，结果如图 7-2-7 所示。

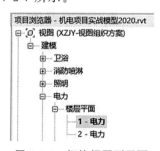

图 7-2-5　切换视图到平面

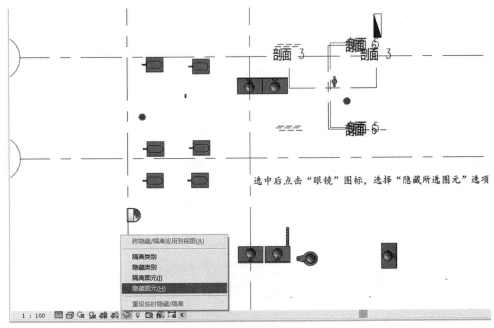

选中后点击"眼镜"图标，选择"隐藏所选图元"选项

图 7-2-6　隐藏构件

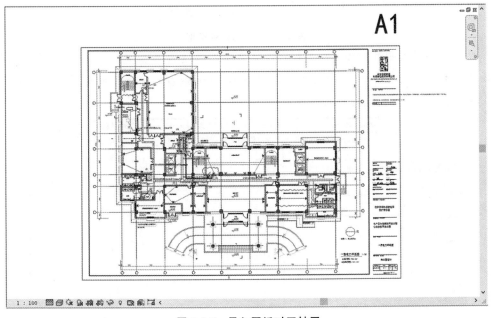

图 7-2-7　导入图纸对正轴网

（2）单击"电缆桥架"命令，然后单击"编辑类型"按钮进入"类型属性"窗口，选择近似类型复制并新建出"槽式桥架-非消防电缆线槽"（名称命名参考导入图纸中的信息），如图 7-2-8 所示。

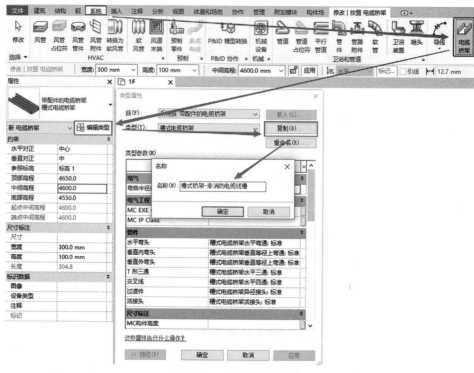

图 7-2-8　复制桥架类型

（3）参考导入图纸中线槽相关信息，在选项栏处设置"宽度""高度""顶部高程"依次为"300""100""4600"（此处要求梁下 100mm 敷设，为便于操作，此处定义梁下 100mm 高程为 4600），如图 7-2-9 所示。

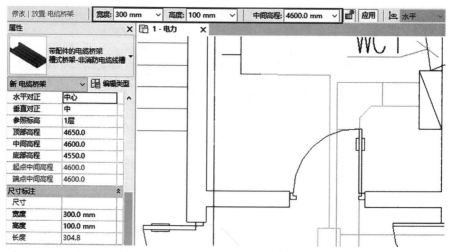

图 7-2-9　设置桥架属性

（4）从 2 轴与 F 轴相交处右上侧"控制室"内的桥架开始绘制，沿图纸桥架方向和尺寸、标高等标识进行绘制，完成首层电缆桥架的绘制，如图 7-2-10 所示。

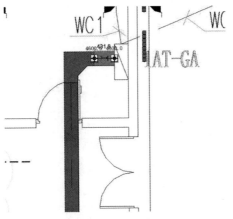

图 7-2-10 绘制桥架

（5）绘制过程中，可以适当结合"对正""自动连接""继承高程""继承大小"（具体可参考第五章"绘制风管的放置工具"）等放置工具去绘制桥架，如图 7-2-11 所示。

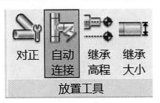

图 7-2-11 放置工具

（6）可使用设定调整"偏移"数值生成竖向桥架（方式与风管一致），基于竖向的桥架生成的水平桥架，当二维视图不足以满足使用需求时，可进入三维视图绘制，但应结合三维视图中右上角"视图立方"，注意前（北）、后（南）、左（西）、右（东）方向正确绘制桥架，如图 7-2-12 所示。

图 7-2-12 绘制竖向桥架

（三）电缆桥架配件布置

（1）单击"系统"选项卡下"电气"面板中"电缆桥架配件"命令，在左侧弹出的"属性"选项板中单击"编辑类型"，如图7-2-13和图7-2-14所示。

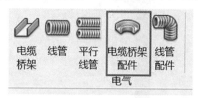

图7-2-13　配件命令

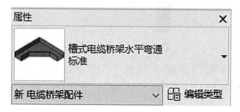

图7-2-14　配件类型

（2）在弹出的"类型属性"对话框中，通过单击"复制"按钮可以当前电缆桥架配件的类型为基础复制出新的配件类型，还可以单击"载入"按钮，以载入其他更合适的配件族，如图7-2-15所示。

图7-2-15　复制或载入配件

（3）通过"点式布置"（单击放置）"绘制生成"（绘制桥架时转向或相交时，根据配置生成）等方式可创建出不同的配件族（当前项目已有的配件族，未载入者无法创建）。布置及生成结果如图7-2-16、图7-2-17所示。

图7-2-16　单击布置配件

图 7-2-17 绘制生成配件

三、操作说明

（1）注意电缆桥架的尺寸及偏移设置方法。

（2）注意电缆桥架的管件配置方法。

扫码获取作业解析

第十八天

抛弃时间的人，时间也抛弃他。

今日作业

简答题：

1. Revit 软件中桥架没有相应材质可以设置，通常由什么来区分强弱电桥架？

2. 强电和弱电的区别是什么？主要用于哪些方面？

3. 什么是一次设备？什么是二次设备？

第三节　技巧与专业拓展

一、章节概述

本节主要阐述电气工程专业知识及桥架安装，通过本节内容的学习，重点需要掌握部分专业知识及安装要求，熟悉相关操作，具体学习内容及目标见表 7-3-1。

表 7-3-1　学习内容及目标

序号	模块体系	内容及目标
1	业务拓展	模型创建过程中，需要结合相关专业知识、现场施工步骤以使模型更加完善
2	任务目标	（1）了解强电系统、弱电系统相关建模技巧及专业知识 （2）熟记桥架安装要求
3	技能目标	（1）掌握部分强电系统、弱电系统相关建模技巧及专业知识 （2）熟记桥架安装要求

二、任务实施

（一）建模方法

1. 电气专业操作说明

（1）桥架过滤器。在 Revit 中没有默认的系统来区分桥架，当出图时需要对其颜色进行区分，所以桥架以及配件的区分是通过命名的方式，再通过桥架类型属性配置对应的配件，比如强电桥架类型属性里的水平弯头、垂直内弯头、垂直外弯头、T 型三通、交叉线等均需要带有"强电桥架"的字眼，后续方便用过滤器筛选进行颜色区分。

（2）绘制桥架时，当标高相近或一致时，不分桥架类型，总是自动连接，此时应把"自动连接"取消勾选再绘制，并且不要拖动桥架来增加桥架长度，而是使用右键继续绘制桥架。

（3）电缆绘制。Revit 没有绘制电缆的功能，一般利用与其相近的线管进行绘制，但是由于电缆构造的特殊性，特定材质及尺寸均有特定的最小允许半径，那么在"管理-MEP 设置-电气设置"中，"线管设置"分组下的"尺寸"选项对应的内容中，找到对应"标准"的线管规格下新建需要的"规格""尺寸"及最小弯曲半径即可。

（4）电气插座放置是基于面的，若需要更换墙面，可以使用"建筑-设置-拾取一个平面"，即可切换平面。

2. 电气桥架建模与建造的区别

（1）很多厂家的电缆桥架生产方式都是不同的，缺乏通用性，所以在设计选型中需要根据工程的要求，合理的选定所要使用的配件。

（2）在电缆桥架和电力电缆桥架合用时，需要把电力电缆和弱电电缆分开安装，中间还需要用隔板分隔。在弱电电缆和低电压电缆合用的时候，应该做到选择有屏蔽功能的弱电电缆。

（3）在 Revit 中，电气桥架的配件均是统一的，一般按默认的复制重命名即可，不修改配件的尺寸大小。

（4）在 Revit 中，电气桥架建模大小只建桥架的尺寸，不包括桥架里面的电缆和隔板。

（二）专业拓展

按照电力输送功率的强弱，电气可分为强电与弱电两类。强电类一般指建筑及建筑群用电 220V 及以上的电流，主要向人们提供电力能源，将电能转换为其他能源，例如空调用电、照明用电、动力用电等。弱电类一般指用电 36V 以内的电流，常见的有电话、电脑、电视机的信号输入（有线电视线路）、音响设备（输出端线路）、广播系统、楼宇自动控制（如门禁和安防）等。电气工程施工工艺流程图如图 7-3-1 所示。

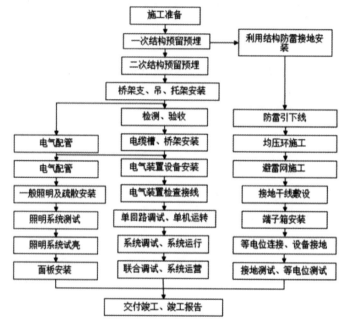

图 7-3-1　电气工程施工工艺流程图

1. 强电系统

（1）功能：强电一般是指市电系统/照明系统等供配电系统，包括空调线、照明线、插座线、动力线、高压线等。常规强电桥架包括动力桥架（分消防动力桥架与非消防动力桥架）、高压桥架、充电桩桥架、母线槽等。

（2）分类：常用的敷设方式有桥架（CT）、线槽（MR）两类。电缆桥架主要用于敷设电缆，金属线槽主要用于敷设导线；电缆桥架一般宽度＞200mm，金属线槽宽度＜200mm；电缆桥架形式有梯式、槽式、托盘式、组合式等多种，而在材质和防腐处理方面又分铝合金、玻璃钢、冷（热）轧钢板镀锌、喷涂等，金属线槽一般用热轧钢板。

2. 弱电系统

（1）功能：弱电主要有两类，一类是国家规定的安全电压等级及控制电压等低电压电能，有交流与直流之分，交流 36V 以下，直流 24V 以下，如 24V 直流控制电源或应急照明灯备用电源；另一类是载有语音、图像、数据等信息的信息源，如电话、电视、计算机的信息。

（2）分类：一般情况下，弱电系统工程第二类应用称为智能化系统，主要包括综合布线系统、计算机网络系统、智能消防工程、程控交换机系统、数字无线对讲系统、有线电视分配网络系统、数字监控视频系统、保安报警系统、门禁系统、电子巡更系统、楼宇自动控制系统、智能照明系统等。随着计算机技术的飞速发展，软硬件功能的不断强大，各种弱电系统工程和计算机技术的完美结合使以往各种分类不再像以前那么清晰。各类工程的相互融合，即为系统集成。

3. 电气工程知识拓展

（1）设备：常规房建类电气设备分为一次设备和二次设备。一次设备包含发电机、配电箱（柜）、照明配电板、变压器以及常见的空调、灯具、电视机、电脑等，用于发电、变电、输电、配电等直接产生、传送、消耗电能。二次设备包含电压表、电流表、功率表等，用于控制、保护、计量等。

（2）间距要求：桥架、线槽离墙间距应≥100mm；顶部距离梁应≥50mm，预留盖板、穿线空间；当建筑物为无梁楼盖时，顶部距离板底应≥150mm，强电/弱电桥架、线槽之间的间距应≥50mm，强弱电之间应留有 300mm 空间作为检修带。

（3）安装要求：根据《建筑电气工程施工质量验收规范》要求，配电箱底边距地面1.5m，照明配电板底边距地面≥1.8m；桥架安装应顺直，水平偏差≤10mm，桥架接缝处应平齐，无错台，接缝处要严密；桥架支吊架水平间距应为 1.5～3m，垂直间距＜2m。桥架、线槽在建筑物变形缝处应断开或设补偿装置（留有 20～30mm 补偿余量），作为支架的接地干线应作补偿。

扫码获取作业解析

📅 **第 十 九 天**

■▪■ 一切节约，归根到底都是时间的节约。

今日作业

根据以下图示内容，制作风口末端标记，需要在项目中使用时能够标记出构件的名称、尺寸、风口数量说明和流量，要求文字字体为仿宋、字高为3.5、宽度系数为0.7，文字应中心对齐并在表内格中心放置。制作完成后，以"作业族—设备标记"为名保存。

第八章　机电族的应用介绍

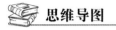 **思维导图**

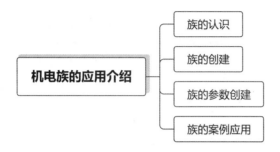

本章主要阐述机电族的创建与设置应用，具体学习内容及目标见表 8-0-1。

表 8-0-1　学习内容及目标

序号	模块体系	内容及目标
1	业务拓展	在建模过程中会用到各类不同的构件，而这些构件的建立均可以通过族的创建及导入来实现
2	任务目标	(1) 完成"案例-支吊架族"的创建 (2) 完成"案例-风管矩形-Y 形三通族"的创建
3	技能目标	(1) 熟悉族的概念定义 (2) 了解族的分类 (3) 掌握族的形状创建命令 (4) 熟悉族的参数创建与关联

完成本章对应任务后，整体效果如图 8-0-1 所示。

图 8-0-1　成果图示

第一节　族的认识

一、章节概述

本节主要阐述族的基本概念及分类，通过本节内容的学习，重点需要了解族的概念，明确区分不同类型的族，具体学习内容及目标见表 8-1-1。

表 8-1-1　学习内容及目标

序号	模块体系	内容及目标
1	业务拓展	（1）族是 Revit 软件中非常重要的一项内容，其是构成项目的基本元素。每一个构件都属于一个族，项目是由多个族搭建而成的 （2）族分为系统族、内建族、可载入族
2	任务目标	了解族的概念及分类
3	技能目标	（1）了解族的概念及分类 （2）可以清楚地区分不同类型族的区别

二、任务实施

（一）族的概念

族是 Revit 软件中非常重要的一项内容，其是构成项目的基本元素。

一般情况下，可以将族划分为二维族和三维族。常见的二维族包括标高、轴网、尺寸标注、填充图案等。常见的三维族包括弯头族、阀门族、T 形三通族、空调机族等。对于观察模型所需的平面、立面、剖面、三维等这类自定义的视角也被称为族。

（二）族的分类

一般情况下，族可以根据族编辑的自由度划分，从低到高依次为：系统族、内建族、可载入族。

系统族：Revit 中预定义且保存在样板和项目中，用于创建项目的基本构件。系统族不能被自定义创建、复制、修改或删除，但可以根据已有的类型复制出新的族类型或编辑已有的族类型以适应项目需求。

内建族：由用户自定义创建且仅当前项目专有的特殊图元，是对系统族无法创建新种类的补充，但有较大的限制，如：一个实例对应一个内建族；内建族无法创建族类型；没有族样板故没有预设参数。因此其适用性不高，仅作了解即可。

可载入族：由用户自定义创建，可以独立保存为 .rfa 格式的族文件。可以基于预设的族样板，通过添加构件的属性参数，完成自定义创建，并可导入到项目中。不同的族样板可以用于创造不同功能的族。

📅 第二十天

🔲▪️忘掉今天的人将被明天忘掉。

📝 今日作业

> 　　根据以下图示内容，制作风机盘管形状，需要在项目中使用时能够被正确注释出相关信息。制作完成后，以"作业族—风机盘管"为名保存。

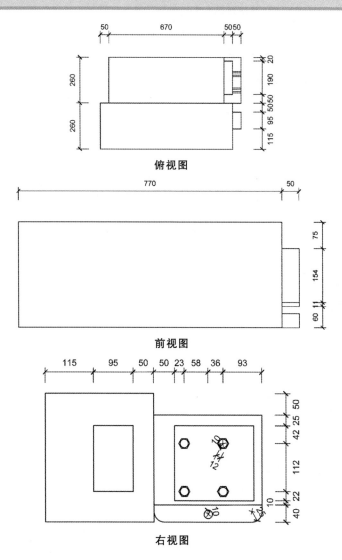

俯视图

前视图

右视图

<h1 style="text-align:center">第二节　族的创建</h1>

一、章节概述

本节主要阐述如何创建族，通过本节内容的学习，重点需要掌握族的创建，熟悉相关操作，具体学习内容及目标见表 8-2-1。

表 8-2-1　学习内容及目标

序号	模块体系	内容及目标
1	业务拓展	（1）族样板可以同项目样板类比，不同的族样板默认设置不同，创建完成的族使用方式也不同 （2）族的创建较为复杂，需要丰富的三维想象能力并结合实际经验
2	任务目标	（1）了解不同族样板的区别，熟悉常用族样板之间默认设置的作用 （2）完成二维族、三维族的创建
3	技能目标	（1）掌握不同族样板之间的区别，熟悉常用族样板之间默认设置的作用 （2）掌握二维族、三维族的创建

二、任务实施

（一）族样板

与创建项目一样，要创建新的可载入族也可以借助合适的族样板，不同的族样板包含不同的框架设置以方便创建不同的族，Revit 软件默认安装后，附带大量的族样板。如图 8-2-1 所示，不同的族样板内框架设置内容不同。

图 8-2-1　族样板

（二）二维族的创建

二维模型族包括注释族、轮廓族、详图族、标题栏族等。对于二维族的绘制，一般均是在二维编辑器中平面视图中绘制轮廓线条。本节以创建注释标记族为例进行讲解。

1. 案例教学：创建注释标记—电缆桥架标记

（1）同创建注释符号族步骤相似，打开 Revit 2020，在主页面"族"选择"新建"，打开"注释"文件夹，选择并打开族样板"公制常规标记"，进入到标记族的编辑器界面，如图 8-2-2 所示。

图 8-2-2　打开"公制常规标记"族样板

（2）选择"创建"选项卡"属性"面板中"族类别与族参数"命令，即弹出"族类别与族参数"对话框，设置标记族所属的族类别。对于这一项设置，建议用户在使用"公制常规标记"族样板时，一开始就提前设置好"族类别与族参数"，因为不同类别的标记族标记对象不同，例如，门标记仅对项目中的门进行识别并标记相应属性，不会标记窗户。本案例以电缆桥架标记进行讲解，在"族类别与族参数"对话框中，族类别一栏单击选择"电缆桥架标记"，族参数一栏保持默认不做修改（具体族参数介绍将在下一节进行讲解），最后单击"确定"，设置如图 8-2-3、图 8-2-4 所示。

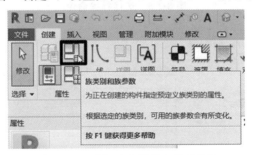

图 8-2-3　选择"族类别与族参数"

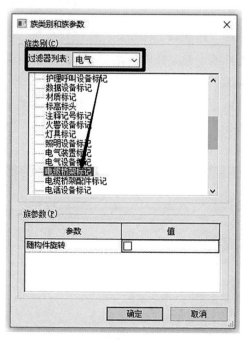

图 8-2-4 设置"族类别与族参数"

（3）选择"创建"选项卡"文字"面板中"标签"命令，进入放置标签界面，单击视图两个参照平面的中心交点位置以放置标签，随后弹出"编辑标签"对话框，如图8-2-5、图 8-2-6 所示。

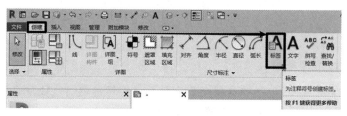

图 8-2-5 选择标签命令

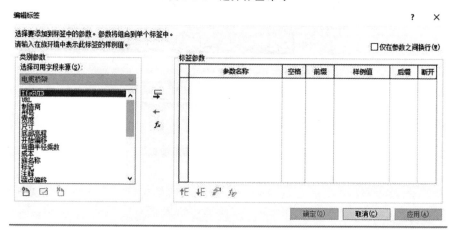

图 8-2-6 编辑标签对话框

（4）在"类别参数"列表，选择"类型名称"并单击中间" "按钮，将参数添加到右侧作为标签，然后再将"尺寸"和"底部高程"加入标签，完成后单击"确定"按钮完成添加标签操作，如图 8-2-7 所示。

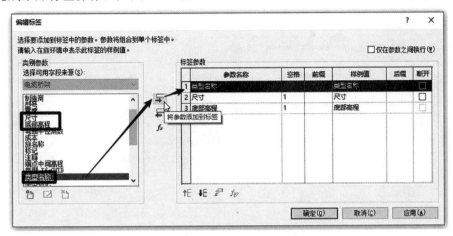

图 8-2-7　参数添加到标签

（5）由于标签文字较小，可以向前滚动滑轮以改变视角查看效果，如图 8-2-8 所示。

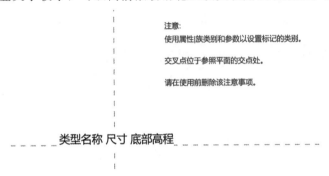

图 8-2-8　标签效果展示

（6）选中族样板原本自带的红色注释文字，然后单击"修改│注释文字"上下文选项卡中"删除"命令删除注释文字。

（7）新创建一个基于系统样板的项目文件，对创建的电缆桥架标记族进行测试。选择"文件"选项卡下"新建"按钮，弹出"新建项目"对话框，在样板文件位置选择系统样板（具体操作方法在制作样板的相关章节有说明），新建位置选择"项目"，然后单击"确定"按钮，进入项目界面，如图 8-2-9、图 8-2-10 所示。

图 8-2-9　新建项目

图 8-2-10　基于系统样板

（8）切换视图到"电气"分组下"电力"字分组选择"系统"选项卡"电气"面板中，选择"电缆桥架"命令，绘制一段桥架，如图 8-2-11 所示。

图 8-2-11　绘制电缆桥架

（9）单击窗口"族 1"切换到族编辑器界面，选择"快速访问工具栏"中"保存"按钮，"保存"文件名称为"案例-电缆桥架标记"的文件。

（10）选择功能区右上角"族编辑器"面板中"载入到项目"命令，将创建的电缆桥架标记族载入到刚刚创建的项目文件，然后选择放置在项目中的电缆桥架，对电缆桥架进行标记，如图 8-2-12、图 8-2-13 所示。

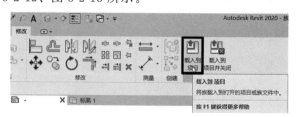

图 8-2-12　将标记族载入到项目

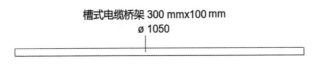

图 8-2-13　对电缆桥架进行标记

（三）三维族的创建

Revit 2020 软件对于三维族创建提供的形状创建命令可以分为两种：一种是基于二维截面轮廓生成三维模型，这种方式称为"实心形状"创建；另一种则是与实心形状创建相对，基于已创建的实心模型，具有剪切效果的空心模型，这种方式称为"空心形状"创建。

创建实心形状的命令包括拉伸、融合、旋转、放样和放样融合五种方式，创建空心形状的命令包括空心拉伸、空心融合、空心旋转、空心放样和空心放样融合五种方式，如图 8-2-14 所示。

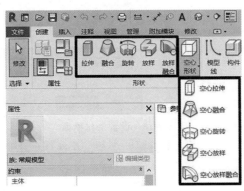

图 8-2-14　形状创建命令

下面通过公制常规模型族样板创建分别演示实心形状创建的五个命令，空心形状的五个命令操作方式与之相似，合理地使用实心形状和空心形状可以形成丰富的造型。

打开 Revit 2020 软件，在主页面"族"选择"新建"，选择并打开族样板"公制常规模型"，进入到三维族编辑器界面，后面对于类似操作，此步骤不再赘述，如图 8-2-15 所示。

图 8-2-15　打开公制常规模型

1. 拉伸命令

拉伸的作用方式是在工作平面上绘制闭合的二维轮廓，沿垂直此工作平面方向拉伸此二维轮廓一定长度，生成三维模型。

（1）通过绘制垂直柱为例示意讲解。选择"创建"选项卡"形状"面板中"拉伸"命令，进入草图环境绘制二维轮廓。单击"修改｜创建拉伸"上下文选项卡"工作平面"面板中"设置"按钮，调出"设置工作平面"对话框，确认此时的工作平面是"标高-参照标高"，并单击"确认"按钮，如图8-2-16所示。

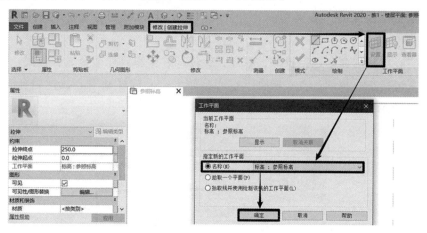

图 8-2-16 设置工作平面

（2）选择"绘制"面板中"外接多边形"命令，在选项栏中设置"边"的数量为"4"，以视图窗口中两条参照平面的交点为中心，内接圆半径为"500mm"绘制正方形轮廓，然后在"属性"中设置拉伸终点为"2000"mm，单击"√"完成绘制拉伸，如图8-2-17所示。

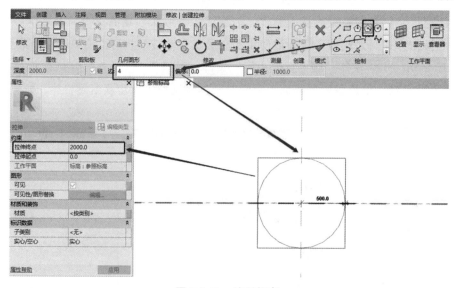

图 8-2-17 绘制轮廓

（3）单击快速访问工具栏中的"三维视图"命令，可以查看三维效果，如图8-2-18所示。

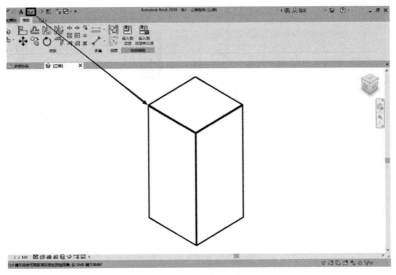

图 8-2-18　拉伸效果展示

2. 融合命令

　　融合的作用方式是在底部和顶部 2 个不同高度的平行平面上分别绘制 1 个闭合的二维轮廓，沿垂直工作平面方向融合到一起，生成三维模型。注意：底部和顶部这两个不同的平面，在分别绘制轮廓时可以基于同一个工作平面设置不同的高度，也可以单独设置不同高度的工作平面分别计算高度位置，合理地设置工作平面可以使得建模工作起到事半功倍的效果。

　　（1）通过绘制偏心坡型基础为例示意讲解。选择"创建"选项卡"形状"面板中"融合"命令，进入草图环境绘制二维轮廓。默认进入的界面是绘制底部轮廓的草图界面，选择"绘制"面板中的"外接多边形"命令，选项栏中设置"边"的数量为"4"，在视图中心以两条参照平面的交点为中心，绘制一个内接圆半径为 1000mm 的正方形轮廓。如图 8-2-19 所示。

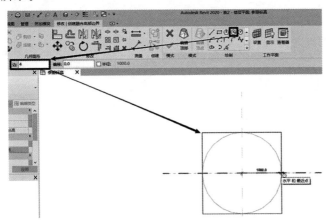

图 8-2-19　绘制底部边界轮廓

　　（2）单击"编辑顶部"按钮，切换到编辑顶部轮廓的草图界面，同样方法绘制一个内接圆半径为 500mm 的正方形轮廓，如图 8-2-20、图 8-2-21 所示。

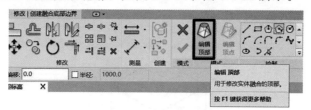

图 8-2-20　编辑顶部边界

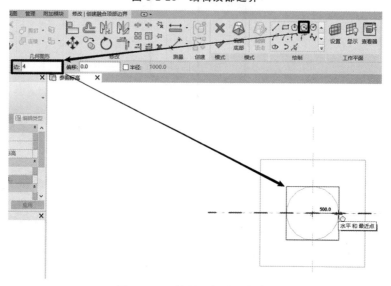

图 8-2-21　绘制顶部边界轮廓

（3）选中正方形轮廓，单击"移动"命令，向右移动 300mm，得到上下偏移的位置轮廓，然后在"属性"中设置第二段点的高度为"1000"mm，最后单击"√"完成绘制模型，如图 8-2-22 所示。

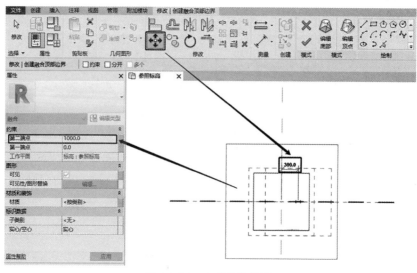

图 8-2-22　完成绘制模型

（4）单击快速访问工具栏中的"三维视图"按钮，查看三维模型，如图8-2-23所示。

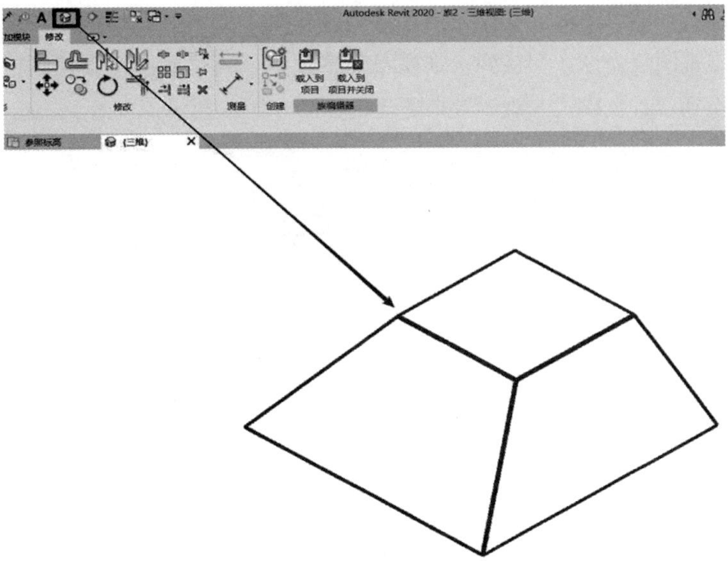

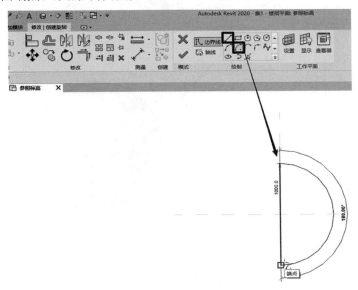

图 8-2-23　三维视图查看模型

3. 旋转命令

旋转的作用方式是在同一工作平面上分别绘制1个闭合的二维轮廓和1条旋转轴线，闭合轮廓会绕轴线沿半径旋转方向旋转生成三维模型。

（1）通过绘制球体为例示意讲解。选择"创建"选项卡"形状"面板中"旋转"命令，进入草图环境绘制二维闭合轮廓，选择"绘制"面板中的"圆心-端点弧"命令，以视图中心两条参照平面交点为圆心，半径为1000mm，绘制右侧半圆，使用"直线"命令连接两个半圆端点，形成闭合轮廓，如图8-2-24所示。

图 8-2-24　绘制旋转轮廓

（2）单击"轴线"按钮，切换到绘制轴线界面，选择"直线"命令，在中心的参照平面位置绘制竖直轴线，然后单击"√"完成创建旋转模型，如图 8-2-25 所示。选择快速访问工具栏中的"三维视图"命令，切换到三维视图观察模型，同时单击视图控制栏中的"视觉样式"按钮，切换到"着色模式"观察效果更佳，如图 8-2-26 所示。

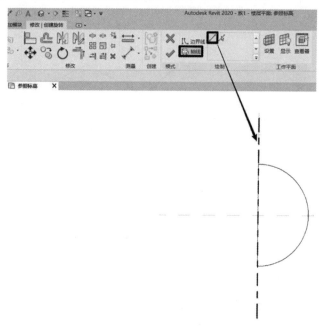

图 8-2-25　绘制轴线图

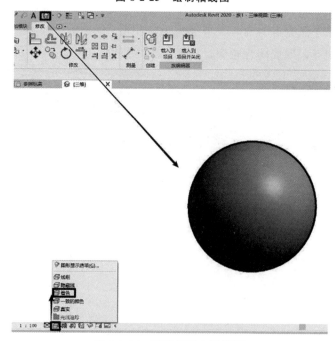

图 8-2-26　三维视图查看模型

4. 放样命令

放样的作用方式是通过绘制或载入的二维闭合轮廓，沿着垂直于绘制或拾取的路径生成三维模型。

（1）通过绘制梁为例示意讲解。选择"创建"选项卡"形状"面板中"放样"命令，检查并设置工作，选择"设置工作平面"按钮，检查当前的工作平面为"标高-参照标高"，并单击下方的"取消"按钮，如图 8-2-27 所示。

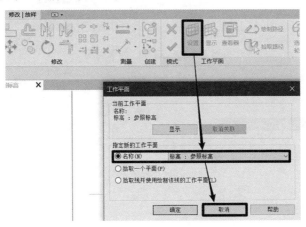

图 8-2-27　确定参照平面

（2）选择"绘制路径"按钮，进入绘制路径的草图界面，选择"绘制"面板中"直线"命令，以中心两条参照平面交点为起点，向右绘制 4000mm 直线，并单击"√"完成路径绘制，如图 8-2-28、图 8-2-29 所示。

图 8-2-28　选择"绘制路径"

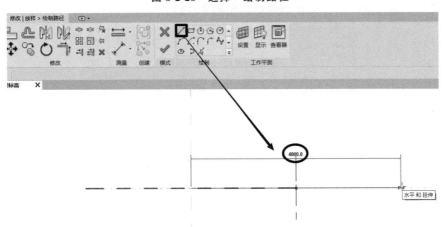

图 8-2-29　向右绘制路径

（3）依次单击"选择轮廓""编辑轮廓"按钮，弹出对话框"转到视图"，选择"立面-左"，并单击"打开视图"按钮，进入左立面视图，选择"绘制"面板中的"直线"命令，基于中心交点位置绘制一个长度为400mm、宽度为600mm的矩形，如图8-2-30～图8-2-32所示。

图8-2-30 选择、编辑轮廓

图8-2-31 转到左立面视图

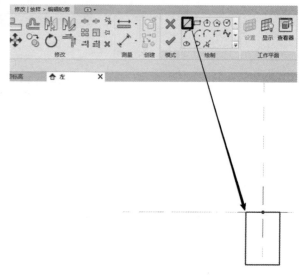

图8-2-32 绘制矩形轮廓

（4）单击"修改｜放样＞编辑轮廓"上下文选项卡下"√"完成编辑轮廓，再单击"修改｜放样"上下文选项卡下"√"完成编辑放样。选择快速访问工具栏中的"三维视图"按钮，切换到三维视角观察模型，如图8-2-33所示。

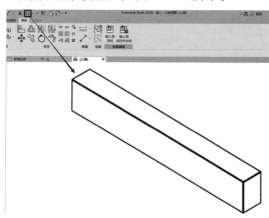

图8-2-33 三维视图查看模型

5. 放样融合命令

放样融合的作用方式是结合融合和放样命令的使用方式，基于一段路径，两个端点位置分别绘制二维闭合轮廓，两个轮廓沿着垂直于绘制或拾取的路径生成三维模型。

（1）通过绘制变截梁为例示意讲解。选择"创建"选项卡"形状"面板中"放样融合"命令，类似使用放样命令。

（2）在"修改｜放样融合"上下文选项卡中选择"绘制路径"命令，进入绘制路径的草图截面，选择"绘制"面板中"起点终点半径弧"命令，以视图中心两条参照平面的交点为起点，向右 3000mm 位置为终点，半径为 1500mm，绘制半圆路径，单击"√"完成绘制路径，如图 8-2-34、图 8-2-35 所示。

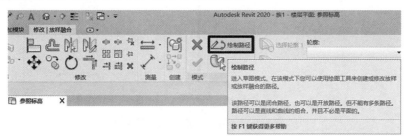

图 8-2-34　选择绘制路径命令

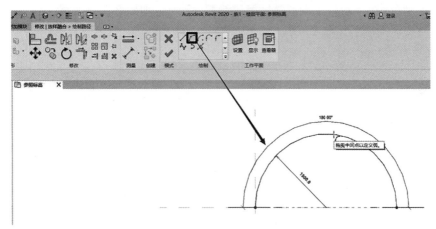

图 8-2-35　绘制半圆路径

（3）单击"修改｜放样融合"上下文选项卡下"选择轮廓 1"按钮，然后单击"编辑轮廓"按钮，弹出"转到视图"对话框，选择"立面：前"视图，并单击下方的"打开视图"按钮，进入绘制轮廓 1 的草图截面，如图 8-2-36、图 8-2-37 所示。

图 8-2-36　选择并编辑轮廓 1

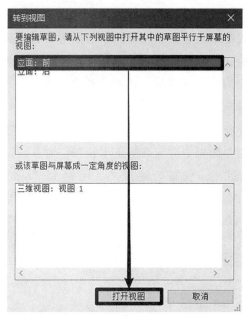

图 8-2-37　转到"前立面"视图

（4）选择"绘制"面板中"直线"命令，绘制截面宽度为 400mm、截面高度为 600mm 的矩形轮廓，然后单击"√"完成绘制轮廓 1，如图 8-2-38 所示。

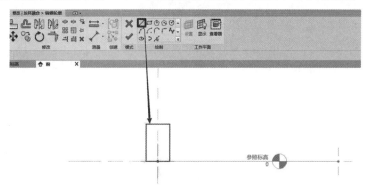

图 8-2-38　绘制轮廓 1

（5）依次单击"选择轮廓 2"和"编辑轮廓"按钮，进入编辑轮廓 2 的草图截面，使用"绘制"面板中的"直线"命令，绘制截面宽度为 400mm、截面高度为 300mm 的矩形轮廓，并单击"√"完成绘制轮廓 2，如图 8-2-39、图 8-2-40 所示。最后，单击"修改｜放样融合"上下文选项卡下的"√"完成绘制变截梁模型。

图 8-2-39　选择并编辑轮廓 2

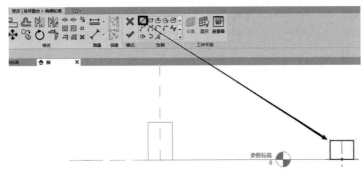

图 8-2-40　绘制轮廓 2

（6）单击快速访问工具栏中的"三维视图"命令，切换到三维视角，观察模型效果，如图 8-2-41 所示。

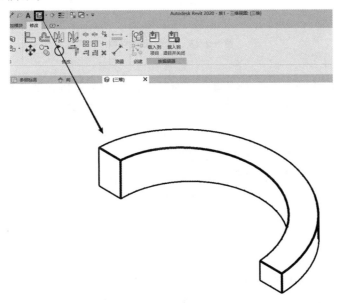

图 8-2-41　三维视图模型效果

6. 常用辅助工具

（1）临时尺寸。

当绘制图形时，无论是拉伸、放样或是融合等，以草图（指紫色线条）绘制内容时，均会出现一个尺寸数值，该数值用于提醒当前绘制长度，在绘制完成后消失，但可以通过单击选中对应线条重新找到该临时尺寸，然后直接单击该数值修改以更正绘制结果，如图 8-2-42 所示。

图 8-2-42　临时尺寸显示

该数值是显示平行距离和长度距离，当线条首尾与其他线条连接时，长度距离和平行距离合并展示，但长度是与选中线条垂直相交的长度。临时尺寸可以通过单击拖拽该数值的蓝色圆点来调控距离显示（只能拖到某端点或某平行线或模型表面上），再单击数值修改相关尺寸，如图 8-2-43 所示。

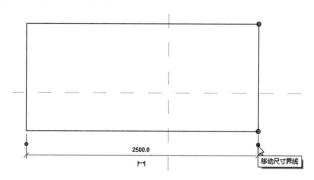

图 8-2-43　移动尺寸界线

（2）参照平面。

无论是绘制形状时，还是未绘制形状时，参照平面都可以在非三维视图内时绘制。其本质是一个被绘制出现的二维平面，该面始终垂直于绘制它的视图，因此以线形态（可以理解为一张没有厚度的纸的侧面）表示，又为了体现区别，因此以绿色虚线显示。默认打开族样板时，一横一竖两条线即为参照平面。

参照平面的命令位置，在"创建"选项卡下"工作平面"面板中，快捷键为"RP"。其常用于做绘制形状时的位置参照，在做形体参数化时，参照平面可以作为单个或多个形体边界之间的参数控制枢纽，具体参数化使用内容详见本章第三节和第四节。

三、操作说明

（1）常规模型族样板是学习族的基础，也是学习族的重点。

（2）不同的族样板有不同的用处，例如"基于墙的公制常规模型"可以用来制作门、窗、消防柜、电器开关等，"基于天花板的公制常规模型"可以用来制作放在天花板上的吊灯、烟雾报警器等。

扫码获取作业解析

📅 **第二十一天**

▪▪即将来临的一天，比过去的一年更为悠长。

📑 **今日作业**

　　根据图示内容，制作参数化六通管件，需要在项目中使用时各通口均可以正常与管道连接，同时可以跟随管道尺寸自由变化，在单个通口变大时，中间圆形部分始终比最大的一个口的外径大一倍。制作完成后，以"作业族—参数化六通管件"为名保存。

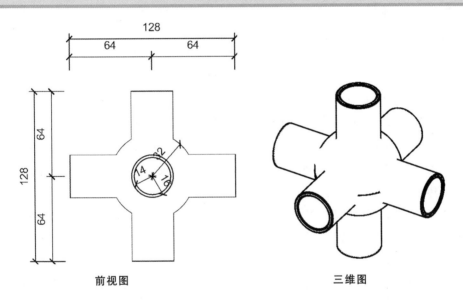

前视图　　　　　　　　　　三维图

第三节　族的参数创建

一、章节概述

本节主要阐述如何创建参数化族，通过本节内容的学习，重点需要掌握族的创建参数以及参数化族的创建，熟悉相关操作，具体学习内容及目标见表 8-3-1。

表 8-3-1　学习内容及目标

序号	模块体系	内容及目标
1	业务拓展	(1) 参数化族相对未添加参数的族使用更加方便，更为灵活 (2) 在为族添加参数的过程中，需要清晰的头脑，明确各参数之间的关系，防止添加参数后出错
2	任务目标	(1) 了解族的参数 (2) 完成参数化族的创建以及关联
3	技能目标	(1) 掌握族参数相关内容 (2) 掌握参数化族的创建以及关联

二、任务实施

（一）族参数介绍

可以为任何族类型构件创建新实例参数或类型参数。

通过给族类型构件添加新参数，可以更自由地控制构件的属性信息，进而给不同的参数赋值以得到不同的类型构件，更好地满足项目需求。灵活地掌握参数的添加和使用，会使建模更加游刃有余。

本节以"公制常规模型"族样板为例进行示意讲解。打开 Revit 2020 软件，在主页面"族"选择"新建"，选择并打开族样板"公制常规模型"创建族文件。

（二）创建族参数

一般情况下，可以先在族类型中提前创建好族参数，然后再绘制模型过程中可以直接将族参数关联到模型。本节内容主要以常用的四种参数作为示例进行讲解，分别是长度参数、文字参数、数值参数以及材质参数，具体的案例讲解将在下一节进行介绍。

1. 参数的创建

单击"创建"选项卡"属性"面板中"族类型"按钮，弹出"族类型"对话框。单击该对话框下方"新建参数 ⬚"按钮，弹出"参数属性"对话框。参数类型一栏选择"族参数"，参数数据选择"类型"名称输入"案例-长度"，"规程"保持默认选择"公共"，参数类型保持默认选择"长度"，参数分组方式保持默认选择"尺寸标注"。最后，单击该对话框下方的"确定"按钮，完成添加长度参数，如图 8-3-1、图 8-3-2 所示。添加其他参数的方法与此操作类似。

图 8-3-1　选择"族类型"

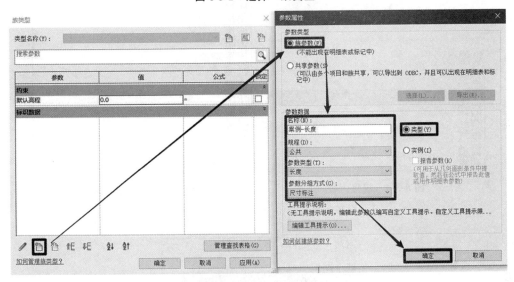

图 8-3-2　添加长度参数

2. 参数相关概念

在添加参数过程中，参数数据内有四项主要相关概念，分别是分类、规程、参数类型和参数分组方式。

（1）分类：参数分类型参数和实例参数两类。为类型参数时，在项目中修改此参数应单击"编辑类型"，在编辑类型窗口修改此参数。为实例参数时，在项目中修改此参数应在属性选项板下直接寻找，如图 8-3-3 所示（参数分类为实例时，参数名称在"族类型"对话框里会出现"（默认）"符号和文字作为标识）。

图 8-3-3　参数分类

（2）规程：一般情况，该值不作具体修改，保持默认"公共"即可，如图 8-3-4 所示。

（3）参数类型：一般情况，在创建不同类型的参数时，此项均要对应设置，常见的有"文字""数值""长度""材质""角度"等，如图 8-3-5 所示。

（4）参数分组方式：一般情况，这个分组不会影响创建参数，分组方式会在"族类型"对话框中按照对应的分组进行显示，如图 8-3-6 所示。

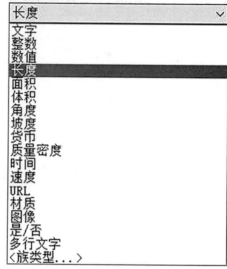

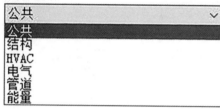

图 8-3-4　规程内容

图 8-3-5　参数类型内容

图 8-3-6　参数分组方式内容

3. 添加参数

按照添加长度参数添加方式，依次添加文字参数、材质参数和数值参数，最后单击"确定"完成添加参数，如图 8-3-7～图 8-3-10 所示。

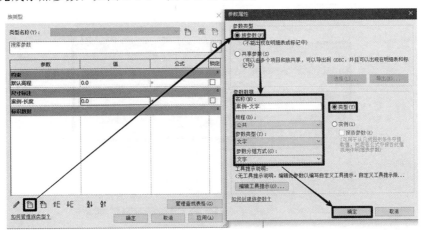

图 8-3-7　添加文字参数

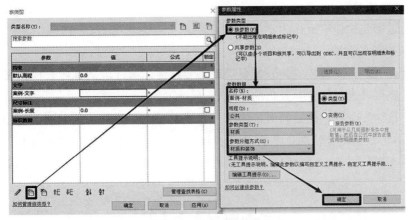

图 8-3-8　添加材质参数

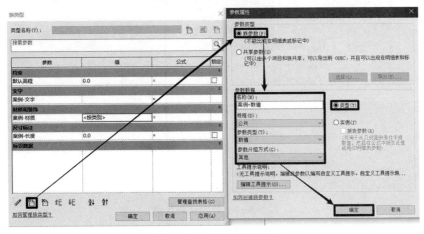

图 8-3-9　添加数值参数

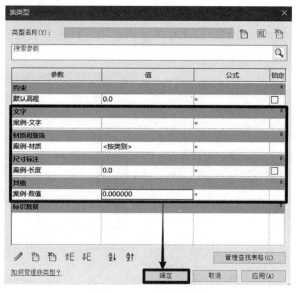

图 8-3-10　结果展示

（三）关联族参数

本节通过创建拉伸模型作为示例进行讲解。

1. 长度参数的关联

一般情况下，长度参数的关联需要借助尺寸标注，通过给某具体长度的尺寸标注关联参数，达到可以进行长度参数化的效果。

选择"拉伸"命令，在绘制面板选择"直线"命令，绘制一个长度为1200mm、宽度为600mm的矩形闭合轮廓，然后单击"修改｜创建拉伸"上下文选项卡"属性"面板中的"族类型"按钮，对自定义添加的参数赋值，如图8-3-11、图8-3-12所示。

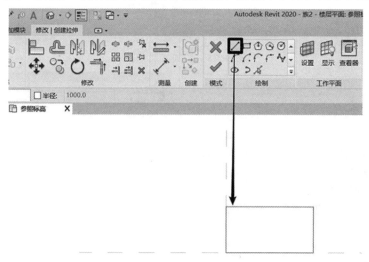

图 8-3-11　绘制矩形轮廓

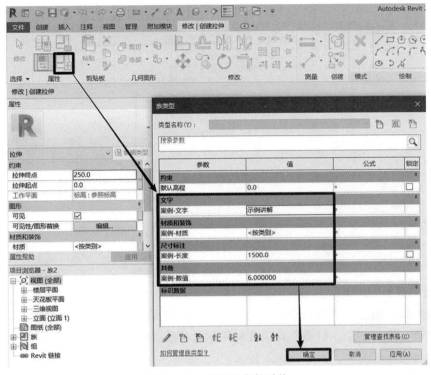

图 8-3-12　自定义参数赋值

选择"修改｜创建拉伸"上下文选项卡"测量"面板中"对齐标注"按钮，对矩形轮廓的左右两个边添加尺寸标注，并选择标注后的尺寸。在"尺寸标注"上下文选项卡"标签尺寸标注"面板设置标签为"案例-长度＝1500mm"参数，完成长度参数关联，如图 8-3-13、图 8-3-14 所示。

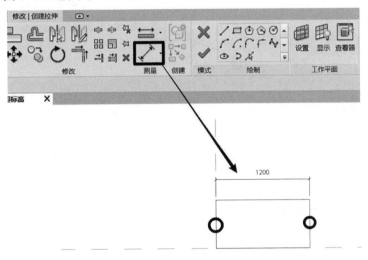

图 8-3-13　添加尺寸标注

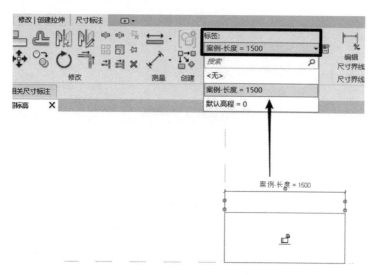

图 8-3-14　尺寸标注关联长度参数

2. 材质参数的关联

选择族的"属性"面板，单击"材质"右侧"关联参数"按钮，弹出"关联族参数"对话框，选择"案例-材质"自定义材质参数，然后单击该对话框下方的"确定"按钮，完成材质参数关联，如图 8-3-15 所示。

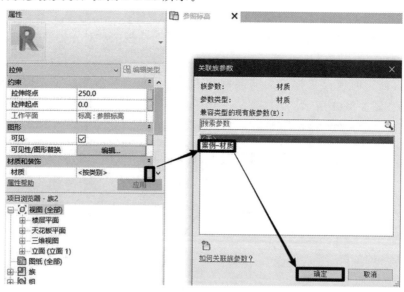

图 8-3-15　关联族参数

3. 调整参数测试是否关联

单击"√"完成编辑拉伸模型，选择"修改"选项卡中的"属性"面板，弹出"族类型"对话框，调整"案例-长度"参数值，由 1500 改为 2000（单位默认为 mm），发现拉伸模型长度发生变化，参数关联成功，如图 8-3-16 所示。

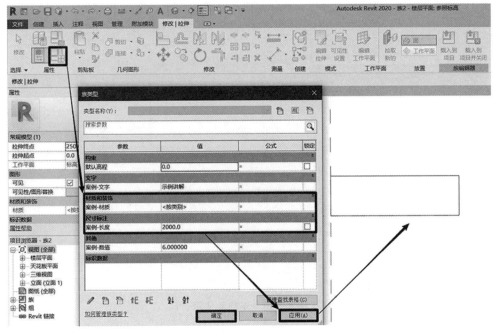

图 8-3-16　验证参数

(四) MEP 族连接件

1. 连接件的作用

在 Revit MEP 中，存在 5 种连接件，分别是电气连接件、风管连接件、管道连接件、电缆桥架连接件和线管连接件，对于连接件来说，其作用是将所创建的族与电气、风管、管道和其他系统相连接，这也是 Revit MEP 族区别于其他族的重要特点之一。其位置在"创建"选项卡下"连接件"面板中，具体内容如图 8-3-17 所示。

图 8-3-17　连接件命令

2. 连接件的放置

（1）放置在面上。

选择需要的连接件，如"风管连接件"，进入"修改 | 放置风管连接件"选项卡选择设置面板上的"面"，此时可以将"风管连接件"放置在所创建族的模型表面上，如图 8-3-18 所示。

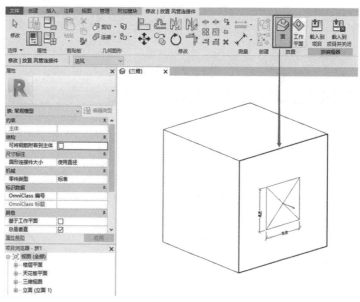

图 8-3-18　连接件使用

（2）放置在工作平面上。

选择需要的连接件，如"风管连接件"，进入"修改｜放置风管连接件"选项卡选择设置面板上的"工作平面"，此时可以将"风管连接件"放置在工作平面。

工作平面可以是通过鼠标拾取的所创建族的模型面，也可以是一个参照平面（参照平面可为其命名，以直接使用名称的方式使用参照平面为工作平面），如图 8-3-19 所示。

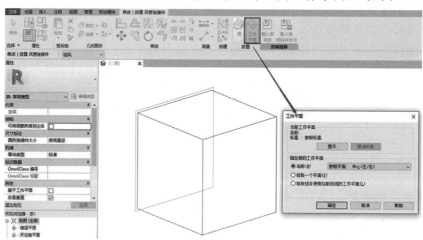

图 8-3-19　设置工作平面

3. 连接件的参数关联

选中连接件后，需要将连接件与自行创建的族参数进行关联。

第一种方法：选中连接件，在"属性"栏中单击参数后边的"关联族参数"（显示为小方块的位置），在弹出的"关联族参数"对话框中选择对应的族参数进行关联，如图8-3-20所示。

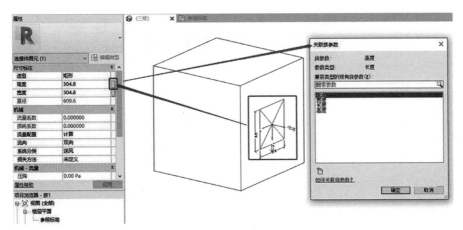

图 8-3-20　连接件参数关联

　　第二种方法：选中连接件，选择风管连接件的"关联族参数"按钮（选中状态下出现的"＋"号），同样会弹出"关联族参数"对话框，在弹出的"关联族参数"对话框中选择对应的族参数进行关联，如图 8-3-21 所示。

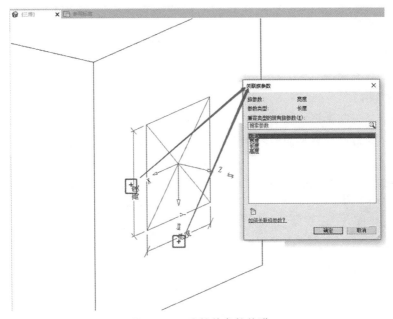

图 8-3-21　连接件参数关联

三、操作说明

　　（1）掌握族参数相关内容。在添加参数之前，需要考虑清楚参数的作用，明确添加的是实例参数还是类型参数。

　　（2）掌握参数化族的创建以及关联。

第四节　族的案例应用

一、章节概述

本节主要以实例讲解族的创建过程，通过本节内容的学习，重点需要加深对族内容的理解，熟悉相关操作，具体学习内容及目标见表 8-4-1。

表 8-4-1　学习内容及目标

序号	模块体系	内容及目标
1	业务拓展	通过实际案例操作加深对族创建的理解
2	任务目标	（1）完成支架族的创建 （2）完成风管矩形-Y 形三通-底对齐族的创建
3	技能目标	通过制作支架族、风管矩形-Y 形三通-底对齐族等族，加深对参数化族的理解，熟悉创建参数化族的操作

二、任务实施

本节将通过两个综合案例对族的创建和参数的关联整体运用进行讲解。

案例（一）支架族

1. 绘制角钢

（1）新建"公制常规模型"族样板，选择"创建"选项卡"基准"面板中的"参照平面"命令，在参照标高平面绘制两个竖向参照平面，选择"对齐尺寸标注"标注参照平面间的距离，单击"EQ"进行等分对齐约束，如图 8-4-1 所示。

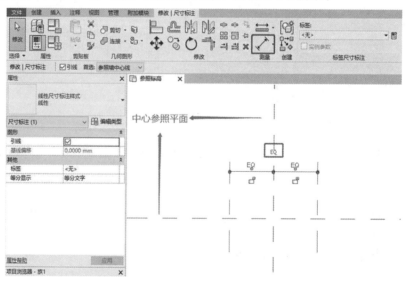

图 8-4-1　绘制参照平面并均分

（2）切换到"左立面视图"，绘制 4 条参照平面线，如图 8-4-2 所示。

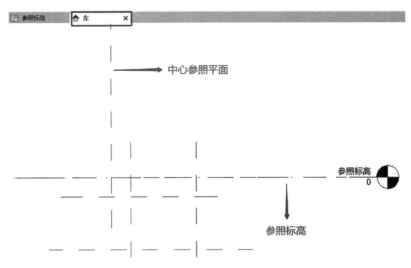

中心参照平面

参照标高
0

参照标高

图 8-4-2　绘制参照平面做辅助线

（3）打开"族类型"对话框，在其中新建 5 个参数，如图 8-4-3 所示。

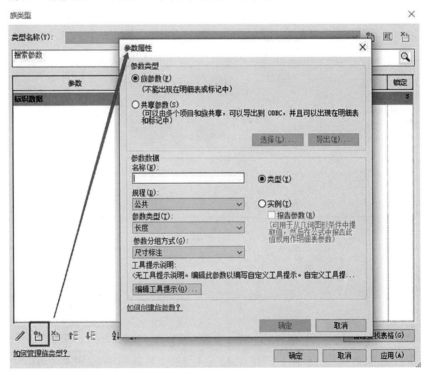

图 8-4-3　新建参数

（4）新建的 5 个参数分别是"角钢边长 1""角钢边长 2""角钢厚度 1""角钢厚度 2""角钢长度"，5 个参数"规程"均为"公共"，"参数类型"均为"长度"，"参数分组方式"均为"尺寸标注"，类型均选择"类型"，新建完成如图 8-4-4 所示。

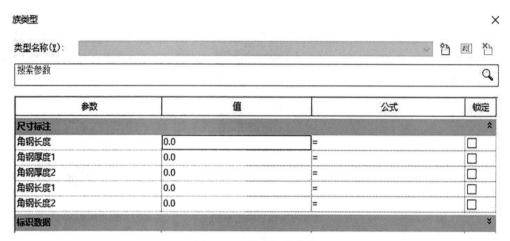

图 8-4-4 新建参数成果

（5）在"左立面"视图下，用"尺寸标注"工具对长度分别进行标注，分别选中尺寸标注，在选项栏的"标签"下拉列表中选择相对应的参数进行关联，如图 8-4-5 所示。

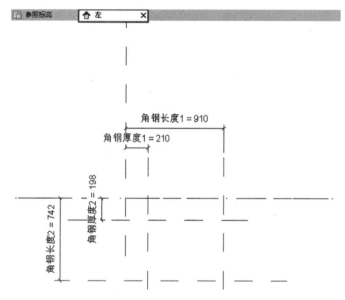

图 8-4-5 添加参数控制参照平面

（6）在"参照标高"视图下，用"尺寸标注"工具对长度进行标注，选中尺寸标注，在选项栏的"标签"下拉列表中选择"角钢长度"进行关联，如图 8-4-6 所示。

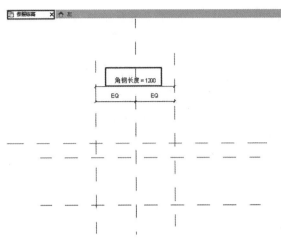

图 8-4-6 添加参数控制参照平面

（7）打开"族类型"对话框，调整参数的数值，"角钢长度 1＝100mm""角钢长度 2＝100mm""角钢厚度 1＝20mm""角钢厚度 2＝20mm""角钢长度＝1600mm"，如图 8-4-7 所示。

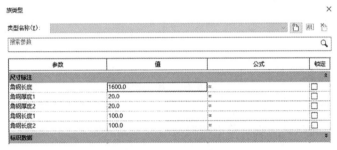

图 8-4-7 参数赋值

（8）在"参照标高"视图下选择"创建"选项卡下的"放样"命令，选择"绘制路径"，绘制一条长 1600mm 的路径，然后单击"√"完成绘制路径命令，如图 8-4-8 所示。

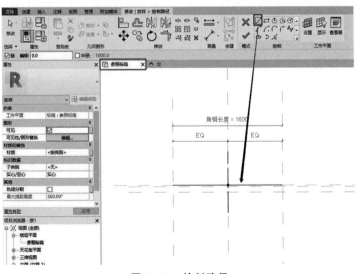

图 8-4-8 绘制路径

（9）在"修改 | 放样"选项卡下选择"编辑轮廓"，在弹出的"转到视图"对话框中选择"立面：左"，软件自动跳转到左立面视图，选择直线，沿刚刚所绘制的参照平面交点绘制角钢轮廓，如图 8-4-9 所示。

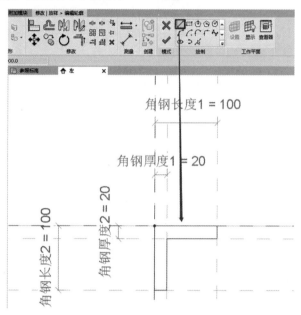

图 8-4-9 绘制轮廓

（10）选择"修改"选项卡下的"对齐"命令，将模型与参照平面对齐，在出现的小锁上单击，进行边线的锁定，单击两次"√"完成放样命令，如图 8-4-10 所示。

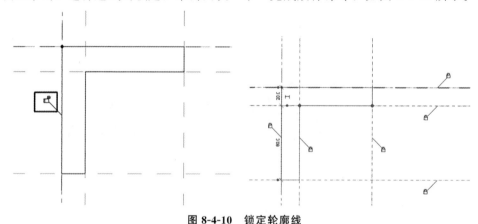

图 8-4-10 锁定轮廓线

（11）切换到"参照标高"视图下，使用对齐命令将角钢两端与参照平面相对齐，并进行锁定，如图 8-4-11 所示。

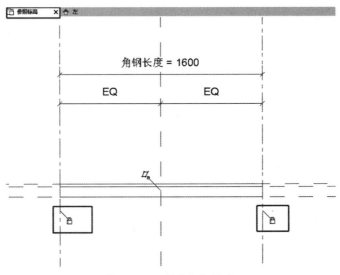

图 8-4-11　锁定角钢端头

2. 圆钢（通丝）的创建

（1）在"参照标高"平面下绘制 3 个参照平面，新建 2 个参数，分别是"距角钢末端的长"和"圆钢定位参数"，2 个参数"规程"均为"公共"，"参数类型"均为"长度"，"参数分组方式"均为"尺寸标注"，类型均选择"类型"。用"尺寸标注"工具对长度分别进行标注，分别选中尺寸标注，在选项栏的"标签"下拉列表中选择相对应的参数进行关联。要求圆钢定位参数设置为角钢长度的一半，如图 8-4-12 所示（新建参数的方法与关联参数的方法一致，具体可参考"绘制角钢"的内容）。

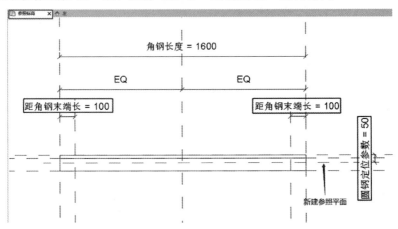

图 8-4-12　绘制参照平面并添加参数

（2）在"创建"选项卡下选择"拉伸"，选择"圆形"，以刚刚绘制的参照平面交点处为圆心绘制半径为 20mm 的圆。绘制完成，选择圆，勾选"属性栏"中的"中心标记可见"，以对齐命令将圆锁定在两条参照平面上，如图 8-4-13 所示。

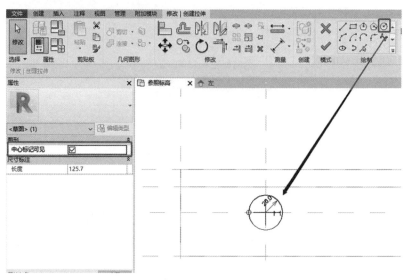

图 8-4-13 绘制圆形拉伸

（3）用直径尺寸标注对圆进行标注，选中标注，单击"标签"右侧的"创建参数"，创建"圆钢直径"参数，单击"确定"，圆钢直径参数添加完成，如图 8-4-14 所示。另一个圆钢直径，直接选择标注好的直径，然后在"标签"中选择"圆钢直径"参数即可，单击"√"完成拉伸。

图 8-4-14 使用标注创建参数

（4）切换到"前立面视图"，绘制上下两个参照平面，将圆钢的上下端与之进行锁定，然后添加参数：圆钢长 1 和圆钢长 2。圆钢长 1 为实例参数，圆钢长 2 为类型参数，如图 8-4-15 所示。

3. 模型调整

一个简单的单层角钢支吊架创建完成，三维中可以查看样式，如图 8-4-16 所示，可对模型中的参数值进行调整。

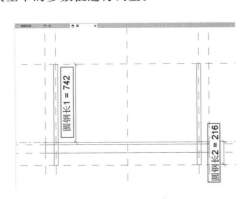

图 8-4-15　绘制参照平面并添加参数　　　　图 8-4-16　模型三维效果

4. 支吊架专业知识拓展

（1）管道支架在各施工环节承担各配件及其介质重量、约束和限制建筑部件不合理位移以及控制部件振动等功能，对建筑设施的安全运行具有极其重要的作用。支吊架主要用于建筑给水排水、消防、供暖、通风、空调、燃气、热力、电力、通信等机电工程设施。

（2）工程项目常见的支架有单管支架和多管支吊架（单层综合支架、多层综合支架、单层多管抗震支架、多层抗震支架）。制订支架方案时，应结合实际工程的机电排布情况，灵活运用各类型支架：当机电管道排布较密集且无分层排布时，可采用单层综合支架；当机电管道排布较密集且分层排布时，可采用多层综合支架。当工程类型为体育馆、商业综合体等大型综合体项目，应采用抗震支架，具体运用方式同综合支架。注意：无论是综合支架还是抗震支架，排布在同一层的机电管道应保证管底平齐。

（3）支架安装间距要求。

钢管水平安装的支、吊架间距不应大于表 8-4-2 的规定。

表 8-4-2　钢管水平安装的支、吊架间距

公称直径（mm）		25	32	40	50	65	80	100	125	150	200	250
支架间距（m）	保温	2.5	2.5	3	3	4	4	4.5	6	7	7	8
	不保温	3.5	4	4.5	5	6	6	6.5	7	8	9.5	11

铜管垂直或水平安装的支架间距应符合表 8-4-3 的规定。

表 8-4-3　铜管垂直或水平安装的支架间距

公称直径（mm）		25	32	40	50	65	80	100	125	150	200
支架间距（m）	垂直管	2.4	3	3	3	3.5	3.5	3.5	3.5	4	4
	热水管	1.8	2.4	2.4	2.4	3	3	3	3	3.5	3.5

给水、热水供应系统的塑料管及复合管垂直或水平安装的支架间距应符合表 8-4-4 规定。

表 8-4-4　给水、热水供应系统的塑料管及复合管垂直或水平安装的支架间距

公称直径（mm）		25	32	40	50	63	75	90	110
支架间距（m）	冷水管	0.7	0.8	0.9	1	1.1	1.2	1.35	1.55
	热水管	0.35	0.4	0.5	0.6	0.7	0.8		
	立管	1	1.1	1.3	1.6	1.8	2.0	2.2	2.4

5. 支架结构图

抗震支架、带管卡的抗震支架、综合支架、多层综合支架如图 8-4-17～图 8-4-20 所示。

图 8-4-17　抗震支架

图 8-4-18　带管卡的抗震支架

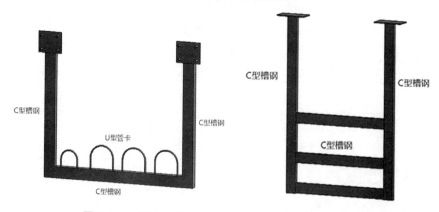

图 8-4-19　综合支架　　　　　　图 8-4-20　多层综合支架

6. Revit 支架族参数设置拓展

在学习了基本的支架族制作方法之后，可以参考以下设置要求，制作更符合现场需

要的支吊架样式。

（1）抗震支架参数设置。

通过设置标高、高程，将支架调整至对应楼层高度；设置管卡管径大小，匹配对应管线；设置管卡间距，匹配对应管线间距；设置槽钢长度，在保证支架高度不变的情况下，连接件能嵌入楼板，如图 8-4-21 所示。

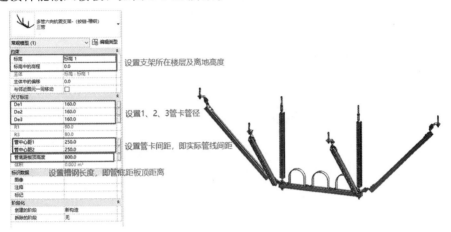

图 8-4-21 多管支架属性介绍

（2）多层综合支架参数设置。

通过设置标高、高程，将支架调整至对应楼层高度；设置支架宽度，匹配管线；设置横向型钢标高，匹配不同层的管线；设置支架所在楼层层高，关联竖向型钢长度，如图 8-4-22 所示。

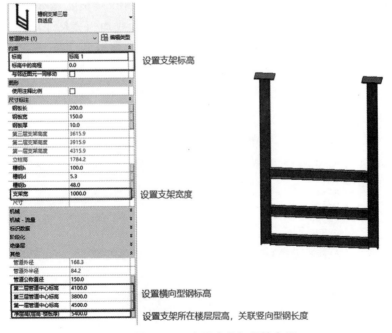

图 8-4-22 多层支吊架属性介绍

（3）拓展。

在 Revit 模型中，使用插件可以快速、批量布置支架。操作方法：按规范选配支架的类型、间距，选择对应机电管线，一键生成匹配管线的支架，可大大减少人力的投入。

案例（二）风管矩形-Y 形三通-底对齐的创建

（1）新建"公制常规模型"，过滤器列表选择"机械"，族类别为"风管管件"，族参数"零件类型"设置为"斜 T 形三通"，如图 8-4-23 所示。

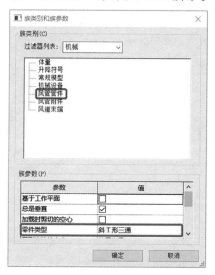

图 8-4-23 设置族类别和族参数

（2）在族类型对话框中新建 8 个参数，分别为"风管宽度 1""风管高度 1""风管宽度 2""风管高度 2""风管宽度 3""风管高度 3""转弯半径""长度"。8 个参数的规程均为"HVAC"，参数类型均为"风管尺寸"，参数分组方式均为"尺寸标注"，类型均为"实例"，其中转弯半径＝风管宽度 1 * 2/3。如图 8-4-24 所示。

图 8-4-24 参数制作和赋值

（3）绘制模型。

1）在参照标高视图下，绘制5个参照平面。在中心参照平面两侧各绘制一个参照平面，创建等分约束。在中心参照平面上下各绘制一个参照平面，创建等分约束。如图8-4-25所示。

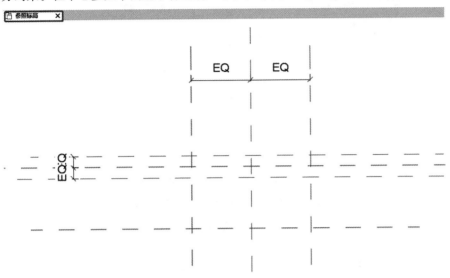

图 8-4-25　绘制参照平面

2）选择模型线，绘制圆弧参照线，选中圆弧，勾选属性栏中的"中心标记可见"，将参照线的圆心和端点锁定至相交参照平面的交点，并关联族参数，如图8-4-26所示。

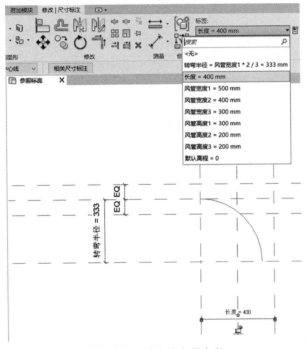

图 8-4-26　锁定并布置参数

3）切换至左立面视图，绘制参照平面，标注风管宽度和风管高度并关联族参数，完成后如图 8-4-27 所示。

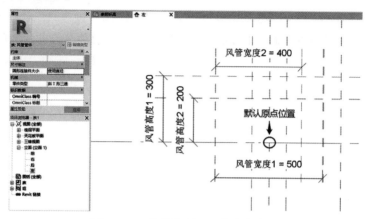

图 8-4-27　绘制参照平面并布置参数

4）单击"创建"选项卡下"融合"命令，分别编辑底部轮廓和顶部轮廓，并与参照平面进行锁定，单击"√"完成。底部轮廓完成后如图 8-4-28 所示，顶部轮廓完成后如图 8-4-29 所示。

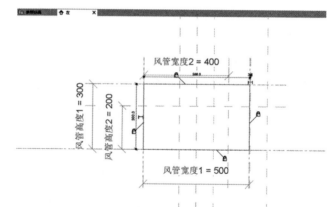

图 8-4-28　创建融合轮廓并锁定边界（底部）

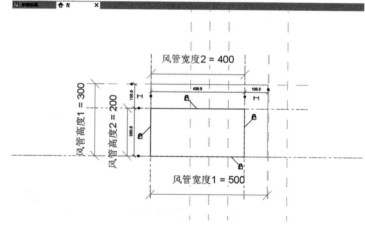

图 8-4-29　创建融合轮廓并锁定边界（顶部）

5）切换到参照标高平面视图，选择刚刚绘制的融合模型，拖拽两端的拖拽点（图上呈现三角标的位置）将融合体边界与参照线进行对齐并锁定，如图 8-4-30 所示。

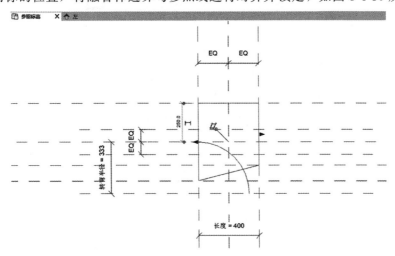

图 8-4-30 对齐并锁定形状边

6）新建族样板，选择"公制常规轮廓.rft"打开，创建一个矩形轮廓，并添加尺寸及其参数，如图 8-4-31 所示。

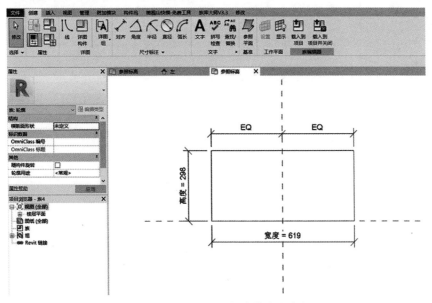

图 8-4-31 绘制矩形轮廓并布置参数

7）打开"族类型"对话框，单击类型名称后的"新建类型"，分别新建"类型 1"和"类型 2"，完成后保存为"矩形-轮廓"，载入到风管 Y 形三通族，如图 8-4-32、图8-4-33所示。

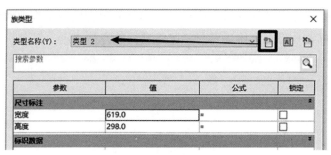

图 8-4-32　新建类型

图 8-4-33　载入项目

8）选择"创建"选项卡下的"放样融合"，选择"拾取路径"，拾取参照线生成路径，单击"√"完成放样融合路径的创建，如图 8-4-34 所示。

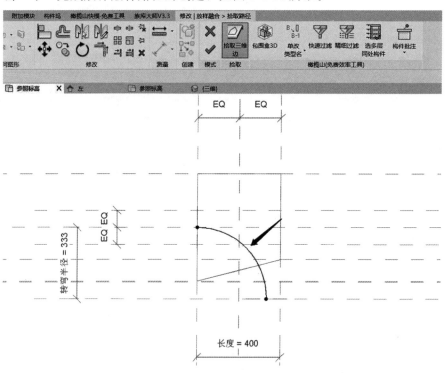

图 8-4-34　拾取放样路径

9）在"修改｜放样融合"选项卡下单击"放样融合"面板中的"选择轮廓 1"，"轮廓："下选择"矩形-轮廓：类型 1"，同理单击"放样融合"面板中的"选择轮廓 2"，"轮廓："下选择"矩形-轮廓：类型 2"，如图 8-4-35、图 8-4-36 所示。

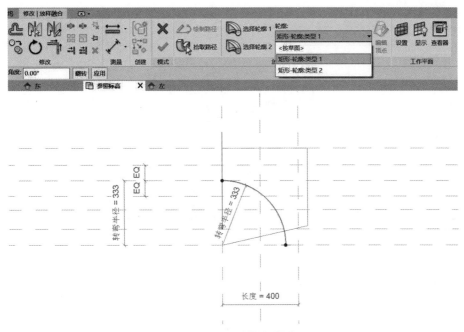

图 8-4-35　设置轮廓类型 1

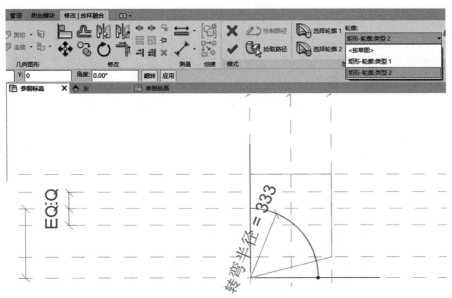

图 8-4-36　设置轮廓类型 2

10）在"项目浏览器"中找到"族"分类下的"矩形轮廓"，双击"类型 1"，在弹出的"类型属性"对话框中，单击"高度"后的"关联族参数"（即高度值后的小方块），将"高度"参数与"风管高度 1"关联，"宽度"参数与"风管宽度 1"关联，如图 8-4-37 所示。"类型 2"中"宽度""高度"分别关联参数"风管宽度 3""风管高度 3"。

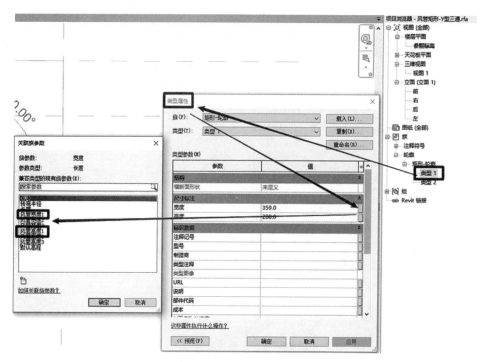

图 8-4-37　关联族参数

11）切换到三维视图，选择工具栏中的"风管连接件"，选择放置到"面"进行风管连接件的放置，分别放在三个面上。放置后，选择风管连接件的"关联族参数"按钮（选中状态下出现的"＋"号），在弹出的"关联族参数"对话框中选择相应的风管宽度、风管高度进行关联，最后保存，命名为"矩形-Y 形三通-底对齐"，如图 8-4-38所示。

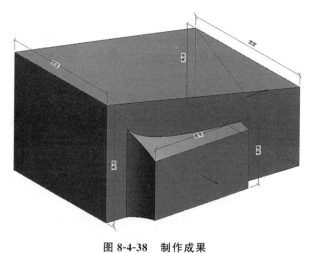

图 8-4-38　制作成果

三、操作说明

（1）通过制作支架族、风管矩形-Y 形三通-底对齐族等族，加深对参数化族的理解，熟悉创建参数化族的操作。

（2）在为族添加管道连接件时，默认在工作平面中心位置，若想添加的管道连接件不在中心位置，可以在此工作平面的基础上，再创建一个拉伸（厚度可以小一些），为放置连接件提供条件。

📅 第二十二天

东隅已逝，桑榆非晚。

今日作业

> 参照碰撞报告样式和内容制作一个新的碰撞报告文档，打开第十七天作业成果，使用碰撞命令进行碰撞，并将结果一一对比，将需要调整的内容填充到碰撞报告中，再根据给定的"机电管线综合排布通用原则"表，将管道进行综合调整，最后以"作业项目—管综结果.rvt"和"作业项目—碰撞报告.doc"为名保存。

第九章　BIM 模型应用

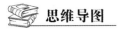

思维导图

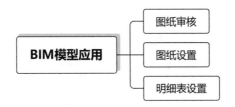

第一节　图纸审核

一、章节概述

本节主要阐述图纸审核相关问题，通过本节内容的学习，重点需要掌握如何找出图纸问题并与设计沟通解决问题的能力，熟悉相关操作，具体学习内容及目标见表 9-1-1。

表 9-1-1　学习内容及目标

序号	模块体系	内容及目标
1	业务拓展	创建模型的过程，也是对图纸审核的过程。创建模型的过程中，发现图纸问题及时解决，方便建模；建模完成后，通过各专业模型结合分析，发现新的问题及时解决，方便出施工图纸
2	任务目标	(1) 了解问题报告相关内容 (2) 完成模型碰撞并得出结果 (3) 了解碰撞原则，方便调整管道综合模型，解决碰撞
3	技能目标	(1) 掌握问题报告相关内容 (2) 掌握模型碰撞并得出结果的方法 (3) 掌握碰撞原则，方便调整管道综合模型，解决碰撞

二、任务实施

在 BIM 建模实操过程中，以 Revit 软件为例，可做的应用中最直观的即建模过程中以及建模完成后发现的各种图纸问题，例如各专业间冲突、影响使用功能、影响美观等不合理的问题，那么 BIM 则会把问题整理成问题报告统一反馈给设计院进行回复闭环并修改图纸。

（一）问题报告内容介绍

1. 图纸问题汇总报告要素

当需要报告图纸问题时，一般面向的是设计师或设计单位，故每个项目应该使用统一的问题报告格式与规范，以便双方人员快速有效地进行沟通与解决问题，且专业要区分开来，常包含建筑、结构、水、暖、电、人防等。

一般来说，图纸问题报告中需要明确指出是哪张图纸中的哪个位置存在哪些问题，然后需要回复。具体来说，一份报告中应该具有的元素包括以下几个方面：

（1）图纸信息：图纸编号、图纸名称、图纸版本。

（2）位置信息：轴网编号或详图编号的截图以及图上文字描述或红笔圈定。

（3）问题信息：细化的具体描述，例如包括该区域的功能、层高、梁高、梁下净高、什么原因导致问题。问题不仅是图纸的问题，还要考虑施工难度、检修空间、美观整齐等，同时 BIM 应提供有效的解决方法，体现 BIM 的专业性。

（4）BIM 附图：图纸出现问题处添加截图，表达更为直观。应包含图纸位置以及模型问题处（一般含二维、三维、剖面）截图。图纸截图应注意截取纵横方向轴线，应明显标注出问题位置。

（5）BIM 建议：BIM 方应提供有效的解决方法，体现 BIM 的专业性。

（6）设计回复：细化的语言描述。

根据以上信息的汇总及整理，根据对应信息的重要程度以及所需空间大小，做出成果如图 9-1-1 所示。

图 9-1-1　碰撞报告参考图

（7）修改结果：根据设计院返回意见修改模型，并在专项会议上商讨修改结果，确认可行后出图。

2. 图纸问题汇总报告分类

根据建模过程，图纸问题汇总报告分类可分为图纸问题、专业冲突、净高不足、图纸缺失四类。

图纸问题可分为 C 级问题、B 级问题和 A 级问题三类。C 级问题一般是设计师绘图不规范的问题，B 级问题即各专业间构件碰撞问题，A 级问题是影响使用功能的问题，如设计结果影响净高或者违反强制规定等。图纸 A 级问题必须开会解决，B、C 级问题可以选择性地开会解决。

专业冲突可分为两类，即建模前图纸本身存在问题以及建模后各专业管道之间的碰撞问题。建模前图纸本身存在的问题在图纸问题中已详细说明，建模后各专业管道之间的碰撞问题包括：管道与梁、柱等空间关系碰撞，管道与管道、桥架之间的碰撞等。

净高不足。管道敷设需要考虑到净高，需结合图纸查看是否与建筑、结构构件发生碰撞，并考虑建设方、施工方要求来调整管道净高。

图纸缺失。建模过程中，经常遇到的是缺某个专业或者缺少详图。遇到图纸信息表达不完整时，可与设计师反馈，要求补充完整。

关于建模审核报告的格式与建模过程已在前文进行讲解，此处仅对模型碰撞报告的相关内容作详细介绍。

模型碰撞报告得出的问题可分为两类，一类是建模过程中由于处理模型不仔细导致的模型直接碰撞，如墙体和柱的重合。在 Revit 软件中，由于墙体与结构柱没有默认的连接（扣减）设置，当需要快速绘制墙体时经常会选择将墙体直接穿过结构柱，后续在处理模型连接时，如未检查到位或者未检查，在模型完成后，除了会计算出多余的工程量外，在进行检查碰撞时也会检测到。另一类是各专业模型创建完成后，由于工程量较大，模型是分组、分人、分别创建的，在将模型整合后，由于图纸设计缺陷导致的模型碰撞。例如，设备相关图纸中，因为管线布置在图纸中每个专业是独立绘制的，所以由模型整合后发现有大量的管道位置重叠，管道与梁柱碰撞，甚至是管道与地面净高不足等，在二维图纸中很难发现，但是在三维模型中却很容易被发现，因此可以通过碰撞检测来快速检测模型中所有的管道和管道碰撞情况以及与土建构件的碰撞情况。

（二）相关功能操作方法

在建模过程中，部分专业构件间的碰撞可直接通过肉眼观察到，但是为了避免疏漏，我们常常需要依靠软件的"碰撞检查"功能来辅助检查。

（1）打开创建的项目模型文件，单击"协作"选项卡下"坐标"面板中"碰撞检查"命令，在弹出的下拉列表中单击"运行碰撞检查"命令（单击此命令前不得选择任何构件或图元），如图 9-1-2 所示。

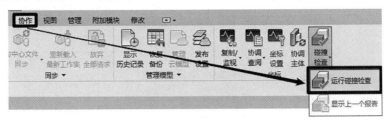

图 9-1-2　碰撞检查命令

（2）在弹出的"碰撞检查"窗口内，选择需要检测的碰撞对象，当前碰撞选项以类别为区分进行选择，如图 9-1-3 所示，可勾选"结构柱"和"墙"为碰撞检测对象，勾选完成后单击"确定"完成选择，随后软件会自动进行碰撞检测。

图 9-1-3　碰撞对象选择

（3）检测过程中，可观察到界面左下角状态栏处出现检测进度条，在检测完成前可按"Esc"或单击左下角"取消"按钮取消本次碰撞检测。当检测完成后，会出现两种情况，即无碰撞的"Revit"窗口和有碰撞的"冲突报告"窗口，如图 9-1-4～图 9-1-6 所示。

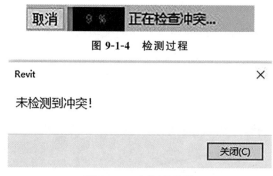

图 9-1-4　检测过程

图 9-1-5　未发现碰撞

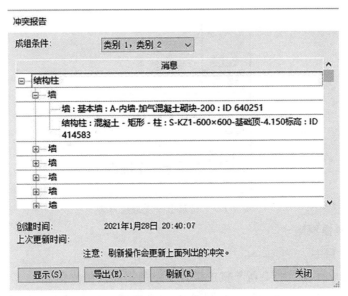

图 9-1-6 发现碰撞

（4）在"冲突报告"窗口出现时，软件其他操作仍可正常进行，如绘制构件、切换视图等。因此，在某个碰撞分组中，单击其中一个构件名称与之对应的构件将以黄色透明状态显示，但由于该构件可能处于房屋内部，该构件被遮挡导致不可见。

可调整视图"视觉样式"显示为"线框"，再适当在三维视图中转动视角，即可发现黄色线框部分；或者单击"冲突报告"中对应构件后，单击下方"显示"按钮，视图将自动切换，查询到显示该构件的视图，有时一次单击不够，需要多次单击。或者单击"管理"选项卡下"查询"面板中"按ID选择"命令，在弹出对话框中输入想要查询构件的 ID（"冲突报告"窗口中构件名称后的数字即为 ID），然后单击"确定"即可直接选中该构件，再单击"修改"选项卡下视图面板中"选择框"命令即可自动跳转到三维视图中（如果不在三维视图），并自动生成一个"剖面框"且仅框住所查询的图元，后续可单击剖面框拖拽其造型操纵柄（蓝色三角箭头）改变剖面框大小，以确定所选构件在整个建筑里的相对位置。

（5）根据提示的构件，选择相适应的碰撞调整方式，如墙柱重叠碰撞，可选择连接命令使其不再重叠（该命令在梁章节中有所介绍）；如门窗位置与结构构件碰撞，在得到设计反馈结果后，调整其模型大小、位置。在调整碰撞后，可单击"刷新"将已解决的碰撞问题从列表中排除，以免重复查询。

（6）在未解决所有碰撞前，可选择"导出"将碰撞结果导出为独立文件以作保存。在意外关闭"冲突报告"窗口后，单击"碰撞检查"命令，在下拉列表中选择"显示上一个报告"选项，即可再次打开窗口，而不需要重新检测，如图 9-1-7 所示。

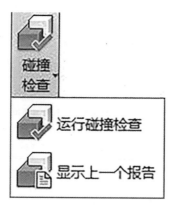

图 9-1-7　显示上一次碰撞报告

（三）机电碰撞原则

1. 深化设计目的

（1）为机电设计理念的更新与机电设计质量的提高提供依据。

（2）为施工现场组织协调管理提供依据，确保项目组织流程，提高现场施工质量，确保现场施工进度，满足美观、检修、空间等要求。

（3）通过深化设计、综合调整，避免单一碰撞等问题，使机电深化设计图纸交付可以为现场指导施工提供依据。

（4）为机电集成加工提供条件。

2. 管线种类

管线由给排水、暖通、电气管线组成。

（1）给排水管线（以下简称水管）主要包括生活给水管、中水给水管、消火栓管、自动喷淋管、压力废水管、车库冲洗管等。

（2）暖通管线（以下简称风管）主要包括排风风管、排烟风管、送风管、加压风管、人防风管等。

（3）电气管线（以下简称电气桥架）主要包括强电桥架、弱电桥架、消防强电桥架、消防弱电桥架、ABS弱电桥架、UPS弱电桥架、照明桥架、母线槽等。

3. BIM 机电设计及深化总原则

首先定位排水管（无压管）的平面路径，一般情况下将无压排水管起点位置贴梁底，使其标高尽可能提高，沿坡度方向计算其沿程关键点的标高直至接入立管处（当排水管排出户外时，应考虑外墙上的穿墙套管标高）；然后定位风管及大管（尽量贴梁底布置）；最后确定有压水管、桥架的位置。尽量确保管线总体水平走向相同，避免大批量管线交叉，具体要求见表 9-1-2。

表 9-1-2　机电管线综合排布通用原则

序号	通用原则
1	地上室内空间无要求无精装时，常规净高要求 2.4m，极限 2.2m

续表

序号	通用原则
2	商业公共区走道常规净高要求≥3.5mm，极限≥3.3mm
3	精装电梯厅常规净高要求≥3.0mm，极限≥2.8mm
4	货车车道常规≥3.8m，极限≥3.6m
5	地下车道净高要求≥2.4m，车位≥2.2m，机械停车位净高要求≥3.6m
6	计算净高时，需考虑管线支吊架所占用的空间高度
7	有压管道让无压管道；低压管道让高压管道
8	单管让排管；小管让大管
9	水管让风管；电气管线避让冷热水管道；强弱电分设
10	附件少的管道让附件多的管道
11	冷水管路让热水管路
12	消防水管避让冷冻水管；可弯管线让不易弯管线；分支管线避让主干管线
13	金属管避让非金属管；临时管线避让长久管线
14	管道在平面上应尽量均匀、平行敷设，成排管道尽量管底标高相同，并考虑支吊架安装空间；采用综合支吊架安装，可能情况下尽量不分层，以便于安装、检修
15	在平面紧张不得已必须分层敷设管道时，应将平时检修概率较低、防水要求较高或卫生要求较高的管道于检修概率较高、防水要求不高或卫生要求不高的管线上方，如电缆桥架、虹吸雨水管等一般设于上层（虹吸雨水管不能设置在电气管线正上方），空调风管一般设于给排水管线上方，桥架及各类检修阀门应设于便于检修的位置，给水管道一般设于排水管道上方等
16	水系统管路不允许进入电气用房，如高低压配电房、控制室、电梯机房等
17	安装区须考虑合理的检修空间（宽度≥300mm），同时尽量使管线排布整齐美观
18	电气管线避热避水，在热水管线、蒸气管线上方不应铺设桥架
19	电缆桥架（动力、自控、通信等）与输送液体的管线宜分开布置或布置在其上方（强电桥架不能与输送液体的管线共用综合支架）
20	为避免电磁场效应，必须保证强电桥架不能进入弱电间
21	当管线需穿越地下室防火分区时，应绕开防火卷帘/人防门，避免从防火卷帘门/人防门上方通过。若防火卷帘/人防门两侧为结构墙体，则需预留套管并与结构专业提资
22	穿人防剪力墙的水管应考虑人防闸阀的安装空间
23	计算管线安装高度以本层建筑完成面为基准点
24	最底层管线支架底距装修完成面应预留龙骨、筒灯、灯槽等，安装间距200～300mm（具体间距应以装饰方案确定）

续表

序号	通用原则
25	大型管线需采用落地支吊架时，应考虑支吊架安装位置及空间
26	遇到管线密集处时，优先考虑综合支吊架

扫码获取作业解析

第二十三天

■■■时间就是生命，时间就是速度，时间就是力量。

今日作业

　　参考已有的"S7 号楼给排水"文件中"一层给排水平面图"和"1#、2# 卫生间给排水系统图"，以"作业项目—管综结果"文件为基础，制作管综结果后的平面图图纸和系统图图纸，添加尺寸、系统名称等标记，设置管道线条颜色粗细等内容，最后以"作业项目—管综出图.rvt"为名保存。

扫码获取作业解析

第二十四天

人误地一时，地误人一年。

今日作业

以第二十二天项目文件为基础，使用云线批注功能批注修改位置，并在图纸上注释修订信息，最后将成果输出为"dwg"格式。最后以"作业项目—出图结果—平面图/系统图.dwg"为名保存。

第二节　图纸设置

一、章节概述

本节主要阐述图纸导出相关设置，通过本节内容的学习，重点需要掌握如何设置并出图，熟悉相关操作，具体学习内容及目标见表 9-2-1。

表 9-2-1　学习内容及目标

序号	模块体系	内容及目标
1	业务拓展	模型完成后，并不能直接在现场使用，而是需要出具深化图纸，以便更加直观地指导施工
2	任务目标	(1) 完成净高分析图出图 (2) 完成各专业图纸出图 (3) 完成预留洞及套管图出图 (4) 完成图纸深化并出图
3	技能目标	(1) 掌握如何完成净高分析图出图 (2) 掌握如何完成各专业图纸出图 (3) 掌握如何完成预留洞及套管图出图 (4) 掌握如何完成图纸深化并出图

二、任务实施

（一）Revit 中绘制净高分析图

对于一些复杂项目（功能分区较多，不同的功能区对净高的要求不同，且净高要求严格），需要做到以下几点：

（1）依据建设方对各区域的净高要求，对管线进行初步排布（如对最低区域进行初步排布），然后根据结果判断该净高方案是否具有可实施性，若无不合理之处（应结合设计规范和施工要求），根据建设方的意见做管线的综合排布。

（2）若经过对管线的分析，判断建设方给出的净高方案不合理，那么我们要依据管线的初排方案与建设方进行集中沟通，并确认最终的管线方案及各区域净高。

（3）根据各区域净高及管线初排方案对机电模型进行深度优化。

（4）根据管线综合的结果制作净高分析并进行区域交底。

在 Revit 里制作净高分析图有两种方法。

方法一：单击"注释"选项卡下"区域"命令下拉按钮中的"填充区域"，如图 9-2-1 所示。

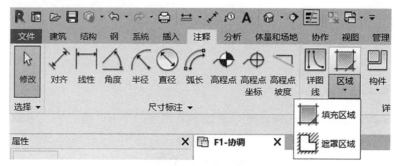

图 9-2-1　填充命令

选择合适的填充图案，并设置不同颜色，完成绘制，如图 9-2-2 所示。

图 9-2-2　设置填充

方法二：在建筑选项卡中选择楼板进行绘制，如图 9-2-3 所示。

图 9-2-3　楼板命令

绘制楼板时需要设置相应的标高，如图 9-2-4 所示。

图 9-2-4　楼板设置

最后添加相应的过滤器，不同标高的楼板过滤器设置不同的颜色，以达到区分不同净高的目的，如图 9-2-5 所示。

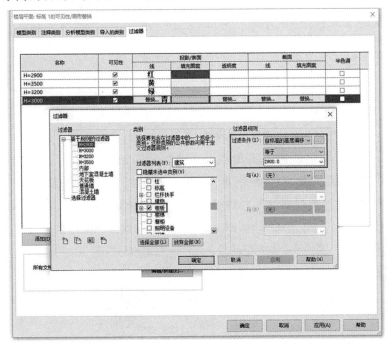

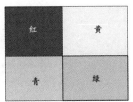

图 9-2-5　过滤器和楼板过滤填充结果

（二）各专业出图

BIM 出图是在 BIM 构件基础信息录入（例如构件尺寸、高程等）、BIM 建模完成后展开的工作。出图的过程也并非几行字就能够讲清楚，许多细节需要在实践中不断总结。一般来说，Revit 出二维图大致分为六个步骤，具体如下。

1. 准备工作

（1）出图前需要进行一些准备工作。首先编辑浏览器组织，在项目浏览器中，视图"专业"位置鼠标右击选择"浏览器组织"，在弹出的对话框中选择"专业"，然后单击

"编辑"，弹出"浏览器组织属性"对话框，"过滤"一栏不作编辑，切换至"成组和排序"一栏，选择"成组条件"依次为"规程""类型""子规程"，"排序方式"选择"视图名称"与"升序"，如图 9-2-6 所示。

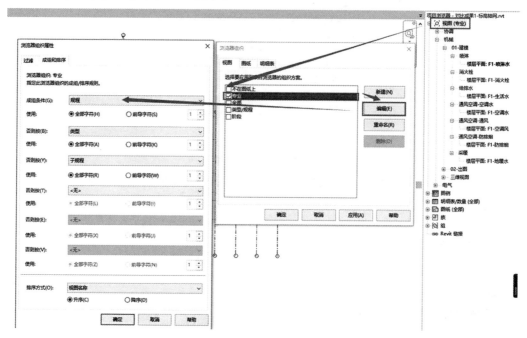

图 9-2-6　视图组织设置

为方便处理出图图面信息，导出的图纸更加规范，此处分别创建"建模"与"出图"新的视图类型，切换至"楼层平面：F1-喷淋水"，单击"属性"面板"编辑类型"，对视图属性进行编辑。在弹出的"类型属性"对话框中，单击"类型"后的"复制"命令，分别重命名为"01-建模"和"02-出图"，如图 9-2-7 所示，完成视图类型的创建。

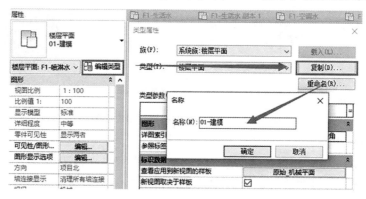

图 9-2-7　视图类型设置

从建模视图中复制出专门用于出图的视图，选中相对应视图，例如"楼层平面：F1-喷淋水"，鼠标右击选择"复制视图"右拉按钮中的"带细节复制"，如图 9-2-8 所示。

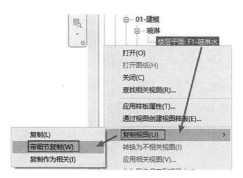

图 9-2-8　复制视图

将原有建模视图类型切换为 "01-建模"，将复制好对应视图类型切换为 "02-出图"。为方便起见，可以在项目浏览器按 "Ctrl＋鼠标左键" 选择全部需要设置的视图，然后在 "属性" 面板类型选择器切换为 "01-建模" 或 "02-出图"，如图 9-2-9 所示。

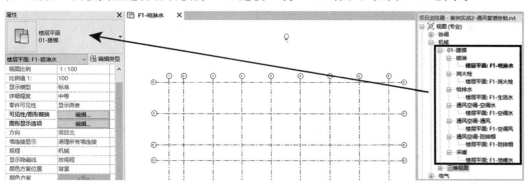

图 9-2-9　复制并调整视图名称

（2）打开用于出图的视图，调整视图比例为 1∶100，根据需要切换 "图形显示样式"（一般选择线框模式或者隐藏线模式）。在视图控制栏找到裁剪视图工具，打开 "裁剪视图" 和 "裁剪区域可见"，将裁剪区域拖拽至四个立面视图符号内，将立面视图符号隐藏，最后将 "裁剪区域可见" 关闭，如图 9-2-10 所示。

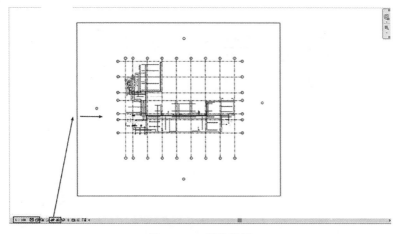

图 9-2-10　调整视图

2. 对模型图元进行尺寸标注、注释说明

（1）单击"注释"选项卡，可以看到"注释"选项卡下包括"尺寸标注""详图""文字""标记""颜色填充""符号"，主要使用"尺寸标注"和"标记"工具（"尺寸标注"相关内容可以参考第四章第三节"轴网的创建"）。

（2）单击"注释"选项卡下"按类别标记"，逐一标记所选图元，标记符号需要载入相关的注释族、标记族，许多系统自带的资源库并不满足规范要求，需要重新编辑、添加（具体内容可参考机电族），结果如图 9-2-11 所示。

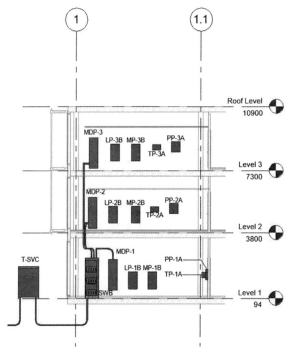

图 9-2-11　标记构件

注：在绘制管道、风管、桥架时可以单击在放置时进行标记"命令，直接对绘制的图元进行标记，如图 9-2-12 所示。

图 9-2-12　放置时标记

展开"标记"旁边的下拉箭头，单击"载入的标记和符号"，可以在弹出的对话框中选择对应的标记族，如图 9-2-13 所示。

图 9-2-13 放置后标记

3. 可见性设置

在"可见性/图形"（VV）中找到过滤器，在过滤器中调整图元线型属性，如图 9-2-14所示。

图 9-2-14 过滤器调整

4. 建筑底图处理

（1）将 CAD 建筑底图处理干净，删除零碎的图线、作图留下的辅助线、临时线、临时符号等（如果有的话）。

（2）将 CAD 建筑底图颜色统一改成 8 号色（即灰色，RGB 值分别为 128，128，128），可以在 CAD 改色，然后链接进 Revit 给排水平面视图，也可以先使用"链接 CAD"功能，把底图链接到给排水平面视图，然后再使用"VV-导入类别"，选中 CAD 图纸全部图层，改成 8 号色（灰色），如图 9-2-15 所示。底图处理好的效果如图 9-2-16 所示。清晰图可参见本节附件，附件中为按照以上两种方法完成的图。

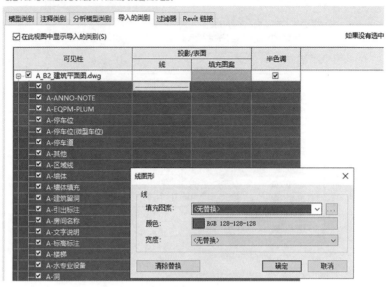

图 9-2-15　图形调整

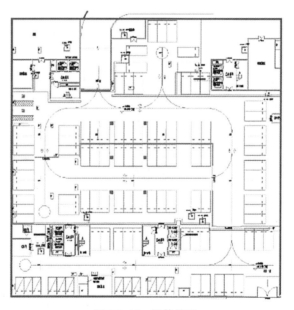

图 9-2-16　调整结果

（3）如果有制作完成的建筑结构模型，也可以导入到项目中作为底图使用，用于展示管线、设备与建筑的位置关系（建筑结构模型在非相关规程设置下可自动灰显，不必设置颜色）。

5. 图纸的创建

（1）在"视图"选项卡中单击"图纸"命令创建图纸，在弹出的"新建图纸"对话框选择合适的标题栏（若默认没有标题栏，可以通过"载入"命令载入），此处以 A1 公制为例，如图 9-2-17 所示。

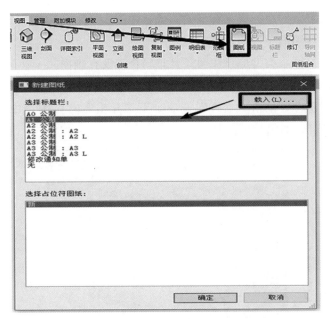

图 9-2-17　新建图纸

（2）创建完图纸后，在项目浏览器找到相对应视图，例如"楼层平面：F1"，鼠标左键拖拽移至图纸中。在项目浏览器找到"图纸"分组下新创建的图纸，右击可以重命名，如图 9-2-18 所示。

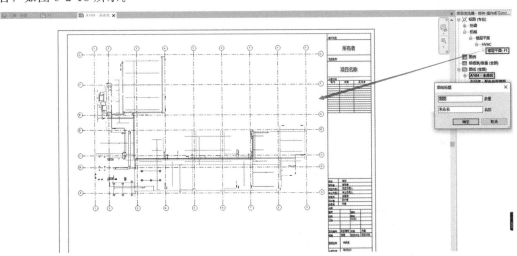

图 9-2-18　拖拽视图

标题栏、视图名称均属于族，多数情况需要用户自己修改创建，我们可以一次性做好并保存，以供后期使用。

6. 图纸布局要求

图纸的布局也是一项重要工作，具体应该做到以下几点：

（1）定位尺寸标注准确美观。

（2）模型尺寸、标高、系统类型、相关说明标注完善。

（3）局部管线复杂的地方应该有剖面图或者详图。

（4）剖面图与详图的布局要合理美观。

（5）管线基本尺寸、类型应该注明，且布局合理没有碰撞。

7. 导出图纸

将所有的设置保存，单击"文件"选项卡下"导出"右拉按钮中的"CAD 格式"，图纸格式为"DWG"，如图 9-2-19 所示。

图 9-2-19　导出图纸

单击弹出的"DWG 导出"对话框中"〈任务中的导出设置〉"后的"..."命令，弹出"修改 DWG/DXF 导出设置"，可以对图层颜色进行修改，如图 9-2-20 所示。

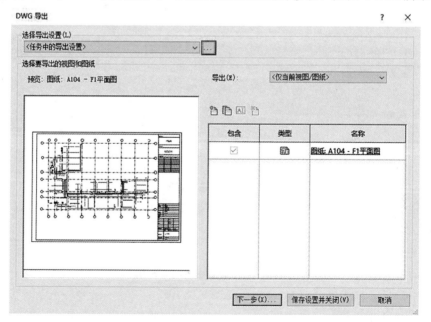

图 9-2-20　导出设置

注：

（1）导出 CAD 图时，如果模型中的图元颜色没有进行任何设置修改，导入到 CAD 里面的二维图中图元的颜色会与 Revit 中设置的图元边框颜色保持一致。

（2）在"可见性/图形"（VV）中设置的线型属性优先级别比"DWG 导出设置"的更高。

（3）DWG/DWF 导出设置可以通过"传递项目标准"进行传递，"可见性/图形"中的设置不能直接进行传递，需要做成视图样板，然后将视图样板整体进行传递。

（4）对于链接的建筑结构模型，如果进行绑定解组之后，导出的 DWG 文件还需要对墙颜色、填充重新设置（一般情况下，其他专业模型灰色显示，本专业模型亮显）。

（5）"可见性/图形"中的"模型类别"也可以对图元的线型属性进行设置，这里的设置相当于对图层概念的设置。

导出的图纸需要在 CAD 里对局部进行调整修改，用户应按照相关出图规范进行出图。

（三）深化图

1. 平面图、剖面图修订

当设计修改后，可以使用修订功能，在图纸上追踪修改信息并检查修订的时间、原因和操作者。在图纸上追踪修订的流程：添加云线批注→设置修订信息。添加云线批注即在修改区域绘制云线批注标识，将云线指定到某一"修订"并添加云线进行标记来识别指定修订。设置修订信息即添加项目的修订信息，如修订说明、时间等，用于为云线添加修订信息。

（1）云线批注。

设计修改后，通过为修改区域添加云线批注和云线批注标记，以及为云线批注指定添加的修订，可以将修订信息自动反映到图纸标签的修订明细表中。

1）添加云线批注。

设计修改后，在修改的区域内添加云线批注进行标识，如果在视图 a 中添加云线批注，视图 a 所对应的图纸 A 将自动显示添加的云线批注。除三维视图外，所有视图均可添加云线批注。如果在图纸 A 中为视图 a 的修改添加云线批注，那么该云线批注仅在图纸 A 上显示，不会更新到相应视图 a 中。本节以在视图中添加云线为例，介绍添加云线批注。

①绘制云线：单击功能区中"注释"选项卡下的"云线批注"，在视图绘图区域中为修改部分添加云线批注，单击"完成"云线标注。

②指定修订：选中云线批注，在"属性"话框中为该云线批注选择相应的修订。如图 9-2-21 所示。

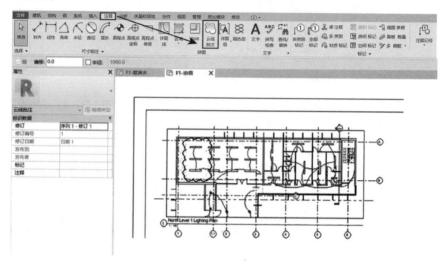

图 9-2-21　云线命令

提示：不同云线批注可以使用相同的修订。

添加的云线修订将在图纸标签的修订明细表上实时显示，如图 9-2-22 所示。

No.	Description	Date
1	Revision 1	Date 1

图 9-2-22　云线自动记录

2）添加云线批注标记。

单击功能区中"注释"选项卡下的"按类别标记"，选中云线批注，可以为云线添加标记。选择要调整的标记，拖动标记上的符号调整标记位置及其引线。

3）编辑云线批注和云线批注标记。

①云线批注边界。

选择云线批注，在功能区中单击"编辑草图"，激活"修改云线标注编辑草图"选项卡，在绘图区域拖动线段端点或者使用"绘制线"调整边界后，单击按钮，如图9-2-23所示。

图 9-2-23　云线绘制

②云线批注和云线批注标记外观。

a. 定义项目中所有云线批注和云线批注标记。

单击功能区中"管理"选项卡下"对象样式"，在"对象样式"对话框中"注释对象"选项卡下设置"云线批注"和"云线批注标记"的"线宽""线颜色""线型图案"等，如图9-2-24所示。该操作可以统一定义项目中所有的云线批注和线批注标记。

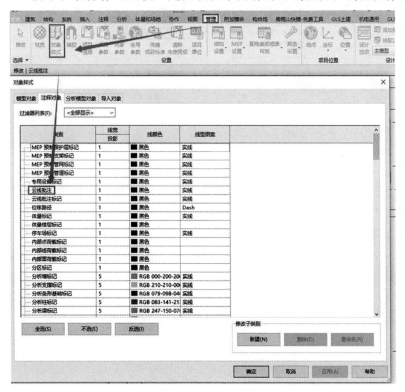

图 9-2-24　批注设置

b. 定义某一视图或图纸中所有云线批注和云线批注标记。

打开某一视图或图纸，键入"VV"或通过编辑"属性"对话框中的"可见性/图形替换"打开"可见性/图形替换"对话框，编辑"注释对象"选项卡中的"云线批注"和"云线批注标记"的"线颜色"和"线型图案"，设置线宽，如图 9-2-25 所示。该操作可以定义某一视图或图纸中所有云线批注和云线批注标记。

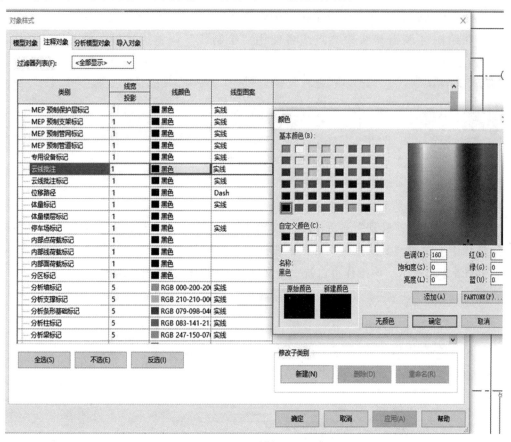

图 9-2-25　颜色设置

通过某一视图图纸的"可见性/图形替换"对话框设置的"云线批注"和"云线批注标记"仅在当前视图或图纸中有效。

c. 定义某单个云线批注和云线批注标记。

选中某一个"云线批注"或"云线批注标记"，单击右键，在"替换视图中的图形"中选择"按图元"，在"视图专有图元图形"对话框中可以对云线的"宽度""颜色""填充图案"等进行设置，如图 9-2-26 所示。该操作可以单独定义某一个云线批注和云线批注标记。

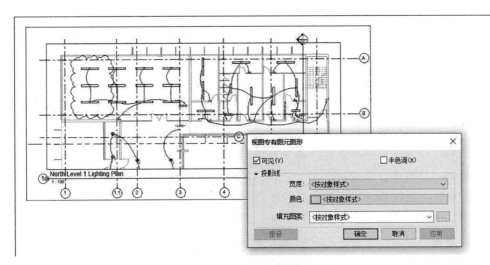

图 9-2-26 单独替换设置

通过"视图专有图元图形"对话框中设置的"云线批注"或"云线批注标记"外具有最高优先级，也就是说，"视图专有图元图形"对话框中的设置将覆盖通过"管理"选项卡中"对象样式"对话框，以及通过某一视图或图纸的"可见性/图形替换"对话框定义的样式。

（2）修订信息。

在图纸追踪设计修订，首先要添加修订信息。单击功能区中"视图"选项卡下的"修订"，在"图纸发布/修订"对话框中编辑添加修订信息。

1）添加修订信息。

单击"添加"，添加以下修订信息，如图 9-2-27 所示。

序列	修订编号	编号	日期	说明	已发布	发布到	发布者	显示
1	1	数字	Date 1	Revision 1	☐			云线和标记
2	2	数字	日期 2	修订 2	☐			云线和标记
3	3	数字	日期 3	修订 3	☐			云线和标记
4	4	数字	日期 4	修订 4	☐			云线和标记
5	5	数字	日期 5	修订 5	☐			云线和标记

图 9-2-27 添加修订信息

①序列：每加一个修订，自增加一个序列，修订根据序列号进行指序。

②修订编号：当"编号"设置为"按项目"时，"修订编号"列会显示根据"序列""编号方案"和"编号选项"生成的实际修订编号。当"编号"设置为"按图纸"时，"修订编号"列不会显示，因为不适用。

③编号：提供三种编号选项，即"数字""字母数字"和"无"。如果选择"数字"，指定到修订的云线将使用数字进行标记；如果选择"字母数字"，指定到该修订的云线将使用字母进行标记；如果选择"无"，指定到该修订的云线的标记为空。

④日期：进行修订的日期。

⑤说明：在图纸修订明细表中显示的修订说明，一般为修改的关键内容，以方便检查修订。

⑥已发布/发布到/发布者：可输入发布到和发布者信息，并勾选"已发布"选项。勾选"已发布"选项之后，无法对修订信息做进一步修改。如果在发布修订之后必须修改某个修订信息，需取消勾选"已发布"再进行修改。

⑦显示：提供三种显示方式，即"无""标记"和"云线和标记"。"无"表示不显示云线批注和修订标记；"标记"表示显示修订标记但不显示云线；"云线和标记"表示显示云线批注和修订标记。

2）编号。

在"图纸发布/修订"对话框中提供两种不同的编号方式，即按"每个项目"和按"每张图纸"。在项目中输入具体信息前，需要先明确使用何种编号方式，因为切换编号方式可能修改所有云线批注的修订编号，如图9-2-28所示。

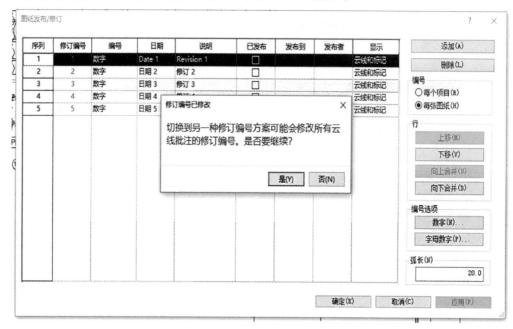

图 9-2-28　云线设置修改

①每个项目默认勾选该项，根据"图纸发布/修订"对话框中的修订序列为添加的云线编号。例如，该图纸中只有两个云线，分别指定到修订3和5，在图纸中添加这些线时，标记和修订明细表中的编号显示3和5，该编号无法修改。

②每张图纸勾选该项后，添加的云线将据该图纸上其他云线的序列进行编号。例如，该图纸中只有两个云线，分别指定到修订3和5，并标记云线批注。当将视图（含云线批注）添加到图纸中时，为指定到修订3的云线编号为1，指定到5的云线编号为2，如图9-2-29所示。

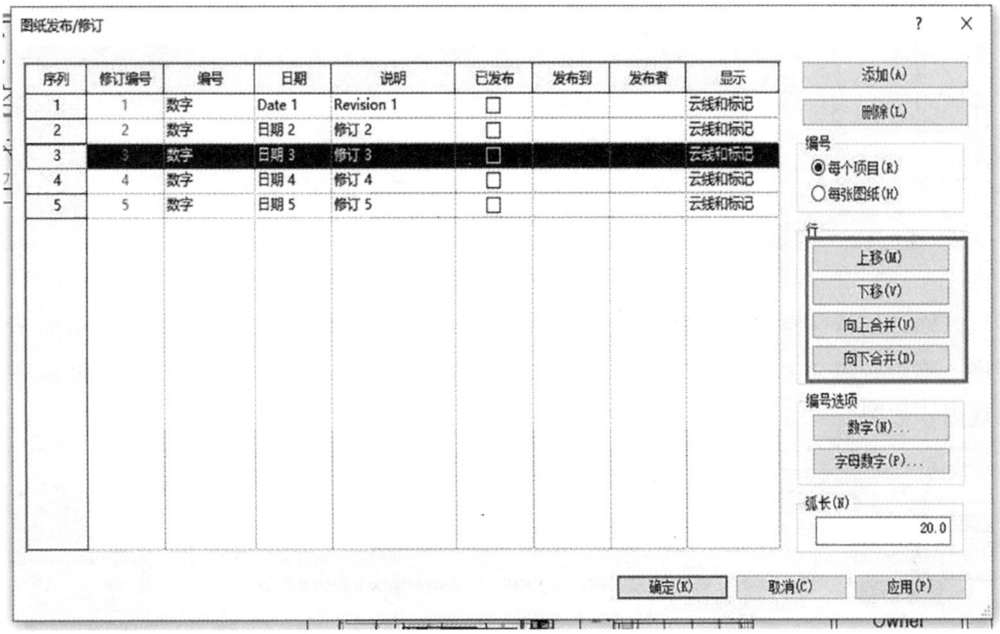

图 9-2-29　云线批注排序

3）修订合并。

有多条修订信息时，可以使用"向上合并"或"向下合并"命令合并修订信息。通过修订合并可以删除被合并的修订信息，如选择序列3的"修订3"向上合并将删除序列3。使用上移、下移命令可以调整修订顺序。

4）排序。

修订的排序方式有按数字或者字母数字。

当修订编号选择"数字"时，可以使用"数字序列"指定修订标记显示的数字次序。单击右侧"数字"选项，打开"自定义编号选项"对话框，定义字母排序展示规则，如图9-2-30所示。

图 9-2-30　云线批注标记内容设置

当修订编号选择"字母数字"时，可以使用"字母序列"指定修订标记显示的字母次序。单击右侧"字母数字"选项，打开"自定义编号选项"对话框，定义字母排序展示规则，如图 9-2-31 所示。

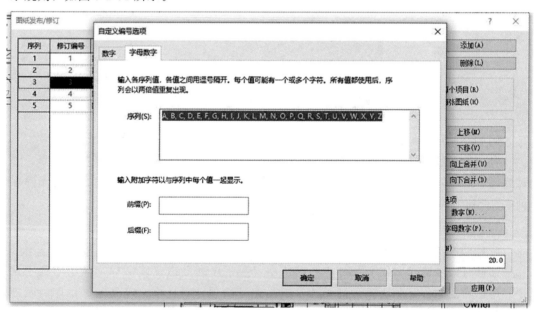

图 9-2-31　云线批注标记内容设置

提示：字母排序只在编号方式选择"字母"时起作用。序列不可以包含空格、数字或者重复的字符。

2. 管道长度拆分

目前，管道制作安装工程中管道管径较大，系统设计较为复杂，管道上分支较多，且多数分支均为不规则形状，下料及制作难度较大，切割焊接工作量大，建筑效率较低。

管道长度一般为 5m～8m。在现场进行管道下料过程中，一般需要将管道拆分成合适的长度进行安装，或在管道工厂已经完成管道长度的拆分，现场只需要进行少量拆分。

通过 BIM 技术获取管道的各组成结构的规格及长度，并获得下料清单，便于进行定制化生产，减少材料浪费，节省运输成本和人力成本，提高建筑效率。

按照图纸进行建模，建模完成以后，按照现场的管道长度进行拆分，例如原管道长度为 6m，使用"修改"命令中的"打断"命令，在合适长度的位置将管道打断，完成管道拆分，如图 9-2-32 所示。

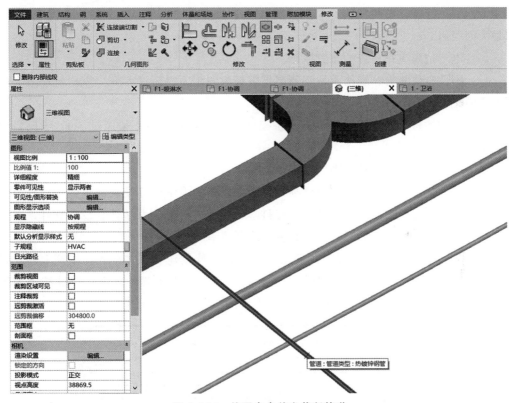

图 9-2-32　使用命令单击裁断管道

通过 Revit 中的明细表对管道量进行统计即可，统计的"字段"一般为：族与类型、长度、材质、合计等，然后再将其以材质或长度等方式进行分组即可（具体的明细表创建及应用方式参照第三节内容）。

3. 支吊架布置图

以抗震支吊架为例，其可在地震中给予机电各系统充分保护，可用于抵抗来自水平及垂直方向的地震力的破坏。根据所保护机电系统的不同，抗震支吊架可分为管道抗震支架系统、风管抗震系统和电气抗震系统。

（1）抗震支吊架分类及布置原则。

1）管道抗震加固侧向间距要求为：沟槽连接管道、焊接钢管、钎焊铜管等刚性材质的管线，横向吊架间距最大不得超过 12m；HDPE 等非刚性材质的管线，横向吊架间距最大不得超过 6m。

2）管道抗震加固纵向间距要求为：沟槽连接管道、焊接钢管、钎焊铜管等刚性材质的管线，纵向吊架间距最大不得超过 24m；HDPE 等非刚性材质的管线，横向吊架间距最大不得超过 12m。

（2）风管抗震支撑系统的布置原则。

1）普通刚性风管侧向抗震吊架的最大间距为 9m，普通刚性风管纵向抗震吊架的最大间距为 18m。

2）玻璃纤维、塑料及其他非刚性材质风管的侧向抗震吊架最大间距为 4.5m，纵向最大间距为 9m。

（3）电气抗震支撑系统的布置原则。

1）刚性电气线管、线槽及桥架侧向抗震最大间距不得超过 12m，纵向抗震最大间距不得超过 24m。

2）非刚性材质电气线管、线槽及桥架横向抗震最大间距不得超过 6m，纵向最大间距不得超过 12m。

（4）抗震支撑系统计算原则。

抗震支吊架的安装形式及布置原则都是依据严格的力学计算结果确定的，地震力的计算必须满足规范要求。抗震支吊架拥有科学、严谨、权威的力学计算设计软件，在满足抗震力学计算的基础之上，材料拥有极高的利用率。

在 Revit 软件中，需要提前将所需类型的支吊架族创建完成并载入，按照上述规则手动布置支吊架，并按需对支吊架数量进行统计，出具支吊架计算书，统计结果如图9-2-33所示（明细表统计功能相关描述参照下节内容）。

<支吊架数量统计明细表>		
A	**B**	**C**
族	类型	合计
GLSHS_槽钢吊架-1	GLSHS_槽钢吊架-1	5
GLSHS_槽钢吊架-2	GLSHS_槽钢吊架-2	11
GLSHS_槽钢吊架-3	GLSHS_槽钢吊架-3	5
GLSHS_槽钢吊架-4	GLSHS_槽钢吊架-4	5
GLSHS_槽钢吊架-5	GLSHS_槽钢吊架-5	10

图 9-2-33 统计结果

扫码获取作业解析

第二十五天

■·■ 今天应做的事情没有做，明天再早也是耽误了。

今日作业

以第二十二天项目文件为基础，统计消防管道的长度、公称直径、材质，并分组展示；统计消防管道相连的附件和管件的类型、材料、个数，并分组展示。

第三节　明细表设置

一、章节概述

本节主要阐述如何创建明细表，通过本节内容的学习，重点需要掌握明细表的作用以及创建方法，熟悉相关操作，具体学习内容及目标见表 9-3-1。

表 9-3-1　学习内容及目标

序号	模块体系	内容及目标
1	业务拓展	模型完成后，可以通过明细表统计简单工程量
2	任务目标	（1）了解明细表相关内容 （2）完成"风管长度统计"明细表的创建
3	技能目标	（1）掌握如何创建明细表 （2）以"风管长度统计"明细表的创建练习，加深对明细表的理解

二、任务实施

Revit 模型绘制完成后，在 Revit 软件中可以对模型进行简单的图元明细表统计。学习使用"明细表/数量""导出明细表"等命令创建明细表。下面以"风管"构件为例来讲解明细表统计的方法。

（一）明细表介绍

Revit 中的明细表可以提取简单的工程量、配合成本管理等，详细的工程量计算还需要结合专业的造价软件进行统计。

Revit 中的明细表可通过两种方法制作：

（1）单击"视图"选项卡下"创建"面板中的"明细表"命令，在下拉按钮中选择一种明细表。

（2）右键项目浏览器中明细表分组，在弹出菜单中选择一种明细表。

常用明细表为"明细表/数量"，其又被称为构件明细表，常用于统计构件的数量和长度。如图 9-3-1、图 9-3-2 所示。

图 9-3-1　新建明细表　　　　　　　　　图 9-3-2　选择类别

明细表在使用时，首先是选择统计类别和明细表名称，然后再依次设置"字段""过滤器""排序/成组""格式"。

其中，明细表的"字段"是对所统计类别的参数内容统计，一般软件默认可统计的信息（参数）会根据所选类别不同而显示在其中。明细表"过滤器"可根据选择的参数，设定条件使不满足条件的构件不显示。明细表"排序/成组"则可选择某一个或多个统计的参数为分组方式，为统计到的结果进行分组和前后排序。明细表"格式"可以为每个统计到的参数调整显示名称和对齐方向等内容，如图 9-3-3～图 9-3-6 所示。

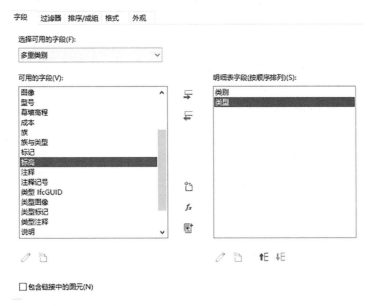

图 9-3-3　选择统计信息

图 9-3-4 过滤信息

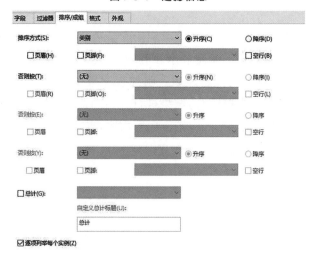

图 9-3-5 信息分组及排序

图 9-3-6 信息标题设置

（二）明细表应用：风管长度统计

（1）单击"视图"选项卡"创建"面板中的"明细表"下拉列表中的"明细表/数量"工具，如图 9-3-7 所示。

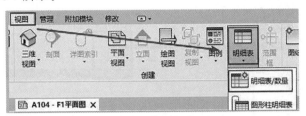

图 9-3-7　新建明细表

（2）弹出"新建明细表"窗口，在"类别"列表中选择"风管"对象类型，即本明细表将统计项目中风管对象类别的图元信息，修改明细表名称为"机电工程-风管明细表"，确认明细表类型为"建筑构件明细表"，其他参数默认，单击"确认"按钮，打开"明细表属性"窗口，如图 9-3-8 所示。

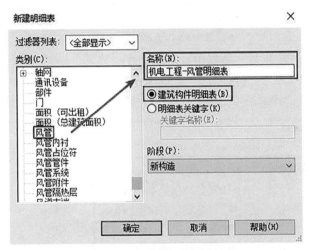

图 9-3-8　选择明细表类别

（3）弹出"明细表属性"窗口，在"明细表属性"窗口的"字段"选项卡中"可用的字段"列表中显示风管对象类别中所有可以在明细表中显示的实例参数和类型参数。

1）依次在列表中双击"系统类型""宽度""高度""长度""合计"参数，将其添加到右侧的"明细表字段"列表中。

2）在"明细表字段"列表中选择各参数，单击"↑E"或"↓E"按钮，按图中所示顺序调节字段顺序，该列表中从上至下顺序反映了后期生成的明细表从左至右各列的显示顺序。如图 9-3-9 所示。

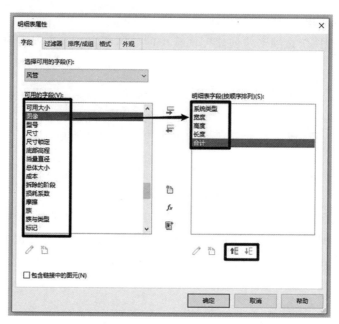

图 9-3-9　选择统计信息

（4）切换到"排序/成组"选项卡，设置"排序方式"为"系统类型""宽度""高度"，排序顺序为"升序"，并单勾选"系统类型"下的页眉，再单取消勾选"逐项列举每个实例"。如图 9-3-10 所示。

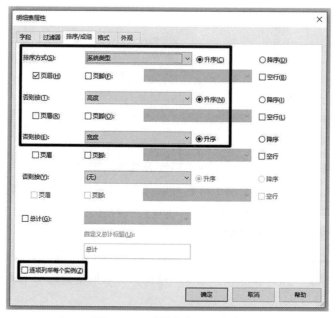

图 9-3-10　设置信息显示方式

（5）切换至"格式"选项卡，将所有的文字的"对齐"调至"中心线"，将"宽度""高度""长度"的"标题"的文字后输入"（mm）"，其中"长度"还需要设置其"计算总数"。如图 9-3-11 所示。

图 9-3-11　设置信息显示方式

（6）切换至"外观"选项卡，确认勾选"网格线"选项，设置网格线样式为"细线"，勾选"轮廓"选项，设置轮廓线样式为"中粗线"，取消勾选"数据前的空行"选项，确认勾选"显示标题"和"显示页眉"选项，单击"确定"按钮，完成明细表属性设置。如图 9-3-12 所示。

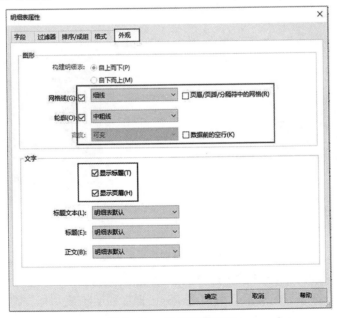

图 9-3-12　设置信息表框

（7）Revit 软件将自动按照指定字段建立名称为"机电工程-风管明细表"的新明细表视图，并自动切换至该视图，如图 9-3-13 所示。

A 系统类型	B 宽度（mm）	C 高度（mm）	D 长度（mm）	E 合计
MC-回风				
MC-回风	630	400	550	3
MC-回风	500	500	1844	4
MC-排烟				
MC-排烟	500	320	12074	4
MC-排风				
MC-排风	200	160	1792	3
MC-排风	250	160	11115	12
MC-排风	320	160	11477	7
MC-排风	250	200	3430	2
MC-排风	400	250	2000	2
MC-排风	300	400	906	1
MC-排风	800	400	22875	11
MC-新风				
MC-新风	630	400	2017	4
MC-新风	800	400	20	1
MC-新风	500	500	5989	8
MC-送风				
MC-送风	320	200	9102	6
MC-送风	400	250	9335	9
MC-送风	630	400	1733	5
MC-送风	800	400	1460	4
MC-送风	1000	400	3132	4

（表标题：<机电工程-风管明细表>）

图 9-3-13　统计结果

导出的明细表内容可用 office 等软件进行编辑。新建一个 Excel 表格，打开导出的 txt 文件。框选文件中的所有内容，使用电脑复制功能（快捷键"Ctrl＋C"），再单击选择表格中的任意位置，使用电脑粘贴功能（快捷键"Ctrl＋V"）。粘贴过程及完成后结果如图 9-3-14 所示。

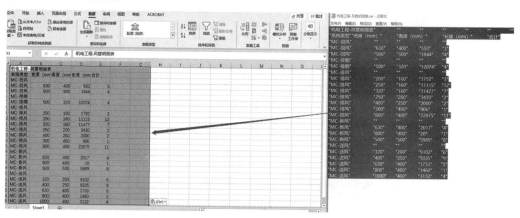

图 9-3-14　复制数据到表内

（三）明细表应用：支吊架个数统计

当支架模型全部布置完毕后，可通过 Revit 自带的明细表功能，统计出该工程每个类型支架的数量，配合工程上的成本预算。具体操作如下：

1. 确定支架族的类型

一般支架的族类型为常规模型、管道附件、管件、机械设备四种，如果需要统一族类型或者区分族类型，可通过编辑族进入族"修改"界面，在"修改"界面的族类别和族参数进行设置。

（1）进入编辑族界面修改族类型（四种族类型择一选择，根据项目实际情况进行设置即可），如图 9-3-15 所示。

图 9-3-15　修改族类别和族参数

（2）载入项目中，进行覆盖，如图 9-3-16 所示。

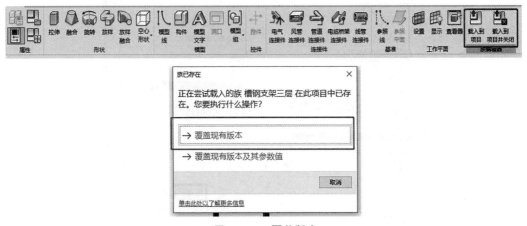

图 9-3-16　覆盖版本

2. 明细表设置

（1）新建一个构件明细表，并选择合适的类别进行统计，同时应注意明细表名称命名。如图 9-3-17 所示。

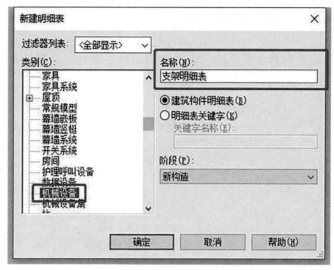

图 9-3-17　选择统计类别并设置名称

（2）根据项目需求添加字段、设置过滤条件并对字段的排序和成组方式进行设置，其中用于作过滤条件的字段（参数）不需要显示信息，可以在"格式"中将其隐藏。如图 9-3-18 所示（该族用作过滤条件的参数，其参数内容应符合过滤条件，应在统计前设置该参数内容，如其类型标记名称应与类型名称保持一致）。

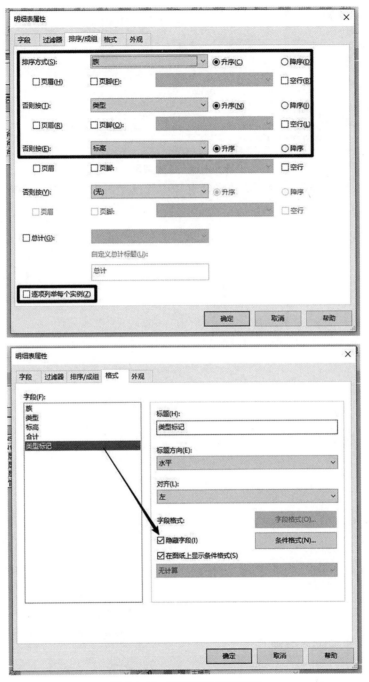

图 9-3-18　调整信息显示方式

（3）明细表统计结果，如图 9-3-19 所示。

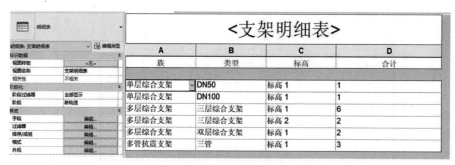

图 9-3-19　统计结果

注：此结果仅为操作示意，不特意针对某项目设立，用户针对自己项目设立的支吊架布置结果不必与此结果图一致。

附录 Revit 常用快捷键汇总

机电构件快捷键

快捷键	命令作用	快捷键	命令作用
DT	风管	PX	卫浴装置
DF	风管管件	SK	喷头
DA	风管附件	EW	导线
FD	软风管	CT	桥架
ME	机械设备	CN	线管
PI	管道	TF	桥架配件
PF	管件	NF	线管配件
PA	管路附件	EE	电气设备
FP	软管	LF	照明设备

修改命令快捷键

快捷键	命令作用	快捷键	命令作用
AL	对齐	OF	偏移
AR	阵列	PN	锁定
CO#CC	复制	PT	填色
CP	连接端切割：应用连接端切割	RC	连接端切割：删除连接端切割
CS	创建类似实例	RE	比例
DE	删除	RO	旋转
DM	镜像-绘制轴	SF	拆分面
EH	在视图中隐藏：隐藏图元	SL	拆分图元
EOD	替换视图中图形：按图元替换	TR	修剪/延伸为角
LI	模型线	UP	解锁
MM	镜像-拾取轴	VH	在视图中隐藏：隐藏类别
MA	匹配类型属性	MV	移动

注释快捷键

快捷键	命令作用	快捷键	命令作用
DI	对齐尺寸标注	GP	模型组：创建组
DL	详图线	RT	标记房间
EL	高程点	TG	按类别标记

视图快捷键

快捷键	命令作用	快捷键	命令作用
Fn9	系统浏览器	TL	细线模式
KS	快捷键	VG＃VV	可见性/图形替换
WT	平铺窗口	WC	层叠窗口

视图控制栏快捷键

快捷键	命令作用	快捷键	命令作用
CX	切换显示约束模式	HR	重设临时隐藏/隔离
GD	图形显示选项	IC	隔离类别
HC	隐藏类别	RY	光线追踪
HH	隐藏图元	SD	带边框着色
HI	隔离图元	WF	线框